目　录

目 录

晨光熹微，蒙眬地睁开眼睛的那一刹那，温热的被子和慵懒的睡意让你无比的眷念床带给你的舒适感，而起床也变得无比的困难，就因为这样，很多人变成了"起床困难户"，但是聪明的妈妈总有一招让你掀开被子，手忙脚乱地穿上衣服往外跑，那就是厨房飘来的香味。

对于很多人而言，厨房是一个神奇的地方。小小的空间里装满了各种奇奇怪怪的东西，锅碗瓢盆、瓶瓶罐罐、刀叉铲、杯碗碟……各种原材料经过它们的一番蒸煮炒涮，再加上令人眼花缭乱的油盐酱醋、葱蒜姜等调料，还未上桌的食物已经让人垂涎欲滴了，你总是忍不住往厨房跑，到底是什么魔法让食物变得如此的美味呢？

这一次，让我们像妈妈一样穿起围裙，一起去看一看这个像游乐场一样的厨房。

厨房：简而言之就是供居住者在内准备食物并进行烹饪的房间，泛指用来烹饪的地方。一个现代化的厨房通常有的设备包括炉具（瓦斯炉、电炉、微波炉或烤箱）、琉璃台（洗碗槽或是洗碗机）及储存食物的设备（例如：冰箱）。

7

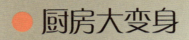

厨房大变身

　　纵观中国历史上厨房格局的演变，它一方面取决于生产力的发展，另一方面也决定于当地的自然条件和居民的生活习惯。厨房大致经历了以下几个发展时段，通过不同时期的演变，厨房的功能性逐渐走向合理。

火光中的厨房 〉

　　首先是古建筑遗址考证。原始人以天然洞穴为居，居住条件极差，以野菜、野果、野兽肉等生食充饥，过着所谓"茹毛饮血"的生活，不知道熟食的制作。后来尝到了被雷击而烧死的野兽肉，发现了熟食的美味。当然，钻木取火的发明才使人类有条件正式开始熟食的习惯，这也是走入人类文明的第一步，如中国北京猿人居住的周口店洞穴石壁上，至今留有焰火熏烤的痕迹和木炭残迹。熟食的习惯大大提高了人类体质，是人类进化的保证。

　　以火塘为中心的住宅。距今 6000~7000年前，中国进入氏族社会，随着人们的劳动工具和技能的变化，人类慢慢由穴居发展到半穴居，最终移居地面。从已发掘出来的房屋遗址中可以发现当时的人类已经在建于地面的房屋中央设有火塘（地灶）。火塘一般设于屋内正中或偏离门的当中位置，火塘中火焰终年不熄，以备随时取用。周围可环绕而坐，便于活动。一天劳作之后或者当天气恶劣而不能劳作时，火塘便成了家庭活动的中心。那些祖祖辈辈流传下来的故事伴随着火塘中的袅袅轻烟，维系着一个民族的繁衍与文明。灶坑内留有炭块和兽骨，屋顶设有排烟口，这种布置方式兼有烹饪、取暖、去湿、防兽等多种功能，但因为与整栋房间没有隔离，所以烟气弥漫在整栋房间，卫生条件极差。由于传统习惯和地区特点，火塘在有些少数民族住宅中至今仍有保留。如蒙古地区的蒙古包、西南地区的竹楼等。

　　炉灶处于一隅的住宅。随着生产的发展和生活方式的改变，人们物质生活逐渐丰富，饮食也由烧烤为主转向

以烧煮为主。此时，建房技术也日臻完善，客观上创造了对火塘居中的住宅加以改进的条件，为解决炉灶排烟及操作方便起见，炉灶逐步由房间正中移向一角。火塘也做相应地提高而改成砖砌的灶头，锅子架设在灶台上，并设有沿墙面砌筑的烟囱，较为卫生、安全且整洁，做饭的同时兼具取暖的作用，如北方的连炕灶，南方的砖砌大灶，城镇住宅中的煤灶、煤球炉等，但本质上这种厨房仍从属于其他空间，未彻底解决对其他部分的干扰。

• 独立厨房（灶房）

由于厨房操作中有许多专用器皿，工具、粮食、燃料，这就需要较大的存放面积，同时，也为减少厨房对其他空间的干扰，便逐步发展到厨房从整栋房屋中分离出来的模式，成为独立。由于当时中国人口结构以大家庭为主，又使用水井取水，所以这类厨房面积较大，常处于后院一侧，一般较低，导致采光不足。同时因为多为女主人操持家务，因而灶间的陈设颇能反映出她的审美观，以实用为特色。炊具经常被悬挂于墙上，既顺手可取，又使墙面增加了层次感。这种布局最早出现在从四川成都出土的汉墓画像砖中，尚存的明清旧宅中也有实例可查。

- ## 开放式厨房

　　现代科技的发展使工程技术人员有可能就厨房设计从功能上做一些改进工作。针对一些常见问题，如燃料、废气、油烟气、水蒸气的污染，主副食的贮藏、环境脏乱等都做出了妥善解决，从而使厨房的环境得到极大改善，由油腻潮湿变为烹调、用餐的舒适高雅环境，开敞整洁，便于家庭主妇在烹饪的同时完成洗衣、照看孩子等杂务。现代厨房布局的主要特征包括按操作顺序设置设施，使操作者能按部就班地操作，从而减少往复交叉的重复做功；对废气的排放加以重视，保持屋内空气的清新，对人体的损害也降到了最小；通盘考虑设施尺度和协调，以增强室内空间的合理流动性；合理安排储藏空间，以改善室内卫生状况，使厨房空间最大限度地得以合理利用。

温情的厨房 〉

CHU FANG DE MI MI

中华人民共和国建国后，住宅情况日益更新，所以厨房的发展也颇具特点。如燃料的发展，经历了煤球、蜂窝煤饼、液化气、管道煤气到电磁灶，它侧面反映了中国工业的发展。

20世纪50年代建造的住宅厨房大部分都装有煤气设施，但因设计的每户面积定额过大，超出社会实际分配指标，因而造成当时多户合用的局面，显得拥挤不堪，所谓的"合理设计，不合理使用"就是指当时厨房使用状况。这些使用上存在的各种矛盾，主要是因为当时中国的建设刚刚起步，加之人口多，从而造成了超负荷使用状况。

煤球

60年代的合用厨房住宅：因为当时国家经济实力下降，为解决职工住房困难，中国建造了一批低标准的住宅，采用的十多户合用厨房。邻里之间常会尽量交错时间使用。避免太过拥挤，但条件较差，卫生条件极

液化气罐

14

低，给使用带来诸多不便，改造也较为困难。

70年代的独用厨房住宅：此时的国家实力有较大提高，在住宅建设中推行小面积独门独户形式。其厨房为一户独用，极大地改善了使用条件。是中国厨房设计中的一大转折点。但限于当时的发展程度，厨房面积很小，其中设备也很简陋，仅有煤气灶台和洗涤池，科技含量很低。

电磁灶

90年代出现了规范化的厨房形式，也都按照已制定规范标准进行设计，还汇总编印"厨房设计的标准图"，使各项设施可以结合工厂成批生产，以降低成本，使该类厨房得以普及和推广。

现代厨房从单一的使用场所变成一个多功能的甚至是舒适的房间，厨房与餐厅、客厅相衔接、传统的隔离墙被省略，作为居室中视觉美感的一部分，对其美观整洁度的要求越来越高。同时科技进步使厨房的科技含量越来越高，现代化电器的使用使人们的劳动变得轻松有趣。在如今高效率的社会环境中，人们每天奔波忙碌，也许一家人能真正坐在一起享受天伦之乐就是在吃饭时，所以厨房也变得越来越温情，包含了更多的意义。

蜂窝煤饼

15

时尚的厨房 〉

• 流行趋势

形式简洁

简约主义厨房的一大主要特点就是形式简洁，它的表现方式体现在厨房设计大多为简单的直线，横平竖直，减少不必要的装饰线条，用简单的直线强调空间的开阔感。由于直线型的设计较多，空间感很强，让人们在其中备感舒适与清爽。

功能实用

说到简约厨房并不是说明要对厨房的实用功能让步，既然为简约风格，在厨房的设计中就会摒弃所有不必要的繁复枝节，剩下最本质的功能。　厨房里除了保留最基本的储藏、洗涤、烹饪等功能外，已很难找到其他不必要的东西，刀叉等实用工具也只是满足主妇的最基本需求，而不是多得让人分不清如何使用的各种工具。简约人士眼中烦琐的功能被省略，底柜的设计也摒弃传统竖立在地面的形式，水、电、气的管线都被隐藏在墙内。

简约主义厨房

色彩偏冷

　　每一种风格都有其代表色彩，偏冷的颜色是简约主义的代表色，这与简约主义的发源地北欧有着密不可分的关系，北欧的树种因天寒而材质颜色偏浅，人们的生活舒适而朴实，家居用品修饰成分较少，简单偏冷的颜色成为简约主义的一种代表语言。

　　简约厨房所使用的原木色有两种，一种是采用实木不进行着色，以本身的原木色彩示人，另一种是采用原木纹理的高档防火板。原木色能够体现木材本身的自然美感，突出家具的设计，通过简单的线条在原木色的氛围中勾勒出一个洁净舒适的厨房环境。

材质多样化

　　木质、防火板、石材是橱柜中的基本材质，在简约主义的阵营中，更可见到后现代的新宠，如铝、碳纤维、塑料、高密度玻璃等等，丰富了厨房世界的组合和诸多实用功能，如防水、耐刮、清爽、透光等。

东西结合的厨房

西方人的厨房一向以漂亮、整齐、干净著称。随着一些西方整体厨房品牌的进入，西式厨房在中国也越来越普遍。

1."尴尬"的开放

设计师在设计私人居所的厨房时，应该将西式配置的优点与中国传统饮食、烹饪习惯的需求巧妙结合在一起，形成既摩登又古典的中国厨房。

2."左右为难"的中岛

中岛可以说是西方厨房的一大特色，即将本来靠边站的烹饪或料理台等置于厨房的中央，一家人可以分散在中岛的四边，一起享受做饭的乐趣。除了做料理台外，中岛还可以提供一个小型家庭聚会的地方。但是如果中国家庭把灶台设置在岛型工作台上，起油锅时，油烟四溅，一餐下来，岛型工作台上，甚至附近的地面都很油腻。因此，对于中国人来讲，岛型工作台最好仅仅作为操作台，而在其他区域再安放一个大火力的灶眼来烹制中餐。

3."身高"不够的水槽

西方的水槽一般为双槽，可以一边洗餐具一边洗菜，因为他们洗的都是比较扁平的餐具，所以水槽高度只有150毫米。而中国人习惯用的餐具、炊具都很厚很大，所以中国人前几年一般只能选用单槽。不少厂商根据中国人的使用情况，生产高度达180毫米的大容量双槽，避免水溅出来。

4.惹来"是非"的洗碗机

西方人习惯在厨房里使用嵌入式的洗

碗机，他们的餐具大部分是很平的盘子、碟子，油脂也比较少，因此使用洗碗机非常方便省事。但是洗碗机进入中国后，惹来很多批评。市场上出售的洗碗机多采用喷淋式洗刷，冲刷点不能遍布碗壁各处。而中国人的餐具以盛主食为主，很难将碗底洗干净。而且洗一次时间太长，加上烘干、消毒等程序，整个过程需要一个小时左右。显然，中国人更乐于直接靠自己的双手来解决问题。

18

洗碗机

5. "中式革新"的吸油烟机

吸油烟机是百分百的舶来品。西方人炒菜，一般使用电磁炉、微波炉等电力炊具，没有明火，油烟少，随便用什么吸油烟机都可将烟吸干净，因此他们的吸油烟机一般是吊顶样式的。而中国家庭的饮食烹饪习惯多为燃气下大火煎炸、猛火爆炒，产生大量油烟，传统的欧式吊顶机器完全不能满足使用需要，一定要选择经过中式改良的吸油烟机。

厨房面面观

厨房卫生 >

厨房是居家保洁中的难点和重点，做好这个地方的卫生是十分重要的。

总体要求

家庭清洁中，厨房的清洁卫生占主要地位，厨房清洁卫生包括食品卫生、餐具卫生、存储卫生、个人卫生、厨房环境卫生和厨具卫生，厨房的卫生与否和人的健康有很大关系，俗话说"病从口入。"这里的病就是指被污染的食品对人体健康的影响。

做好厨房卫生应从下述几个方面着手：经常保持厨房内外的环境卫生，注意通风放气，及时清扫污物垃圾；厨房家具、炊具、餐具要经常清洗、消毒，摆放整齐；各种调料、鲜菜、鲜肉要妥善存放，防止串味变质。

一般煮开到掉冲净即可除去腥味。

刀具和案板的清洁：刀用完后应用干净的布擦拭干净，放在干燥、安全处，以免伤人。如果长期不用，表面应涂上一层黄油；菜板最好用木质的，使用完毕应刮净，以防生霉菌。

碗筷的清洁：碗筷是存放餐具的地方，应该经常进行擦拭以保持清洁，避免餐具二次污染。应定期将碗柜内的物品拿出，清洗消毒一次。

• 餐具清洁

洗涤的顺序是：先洗不带油的餐具后洗带油的餐具。先洗小件餐具后洗大件餐具，先洗碗筷后洗锅盆。餐具上的油腻使用洗涤剂清洗往往很难洗净，可用去污粉反复擦洗。

餐具的消毒方法：一般采用烫、煮、漂、蒸。煮沸消毒是家庭理想的消毒方法：先把洗净的餐具放入开水锅中煮，煮沸时间约 10 分钟。可消灭一般的细菌。

餐具的摆放：餐具的摆放应分门别类：碗与碗放在一起、同类型的餐具按照大小及形状顺序放好，以免磕碰。

炊具的清洁：铁制炊具容易生锈，用完应马上放在水龙头下，用竹帚刷洗。如果铁锅有腥味，可在锅中加水放些菜叶，

• 油污处理

　　厨房的油污很难清理，下面介绍几种方法。在拖布上到一点醋再拖地，就可以去掉地面的油污；在水泥地面上的油污很难去除干净，如将干草木灰用水调成糊状，然后均匀铺在地面过夜，再用清水反复冲洗，水泥地面便可以焕然一新；用烧过的蜂窝煤煤灰掺上洗衣粉刷地面，也很容易去掉地面上的油污；液化气灶具上很容易沾上油污，用碱水洗容易洗掉油污；用清水洗又洗不干净。用黏稠的米汤涂在灶具上，待米汤结疤一起除去。此外，用较稀的米汤、面汤直接洗，或用无鱼骨擦洗，效果也不错；玻璃上的油污用纸或抹布很难擦干净，可先用碱性去污粉擦拭，然后用氢氧化钠或稀氨水溶液涂在玻璃上，过半小时再用布擦拭，玻璃就会变干净。

　　据专家验证，厨房油烟与炒菜时油的温度有直接的关系：当油加热超过200℃时，生成油烟的主要成分丙烯醛，它具有强烈的辛辣味，对鼻、眼、咽喉黏膜有较强的刺激，可引起鼻炎、咽喉炎、气管炎等呼吸道疾病；当油烧到"吐火"时，油温超过300℃，这时除了产生丙烯醛外，还会产生凝聚体，导致慢性中毒，容易诱发呼吸和消化系统癌症。

在这里介绍几招减少油烟的方法：

第1招：改变"急火炒菜"的烹饪习惯。不要使油温过热，油温不要超过200℃（以油锅冒烟为极限），这样不仅能减轻"油烟综合征"，下锅菜中的维生素也能得到有效保存。

第2招：最好不用反复烹炸的油。有的家庭主妇为了节省点油，炸鱼、炸排骨用过的油反复使用也不弃掉，殊不知这里面也含有很多致癌物质。反复加热的食用油，如多次用来炸食品的食用油，不仅本身含有致癌物质，它所产生的油烟含致癌物也更多，危害更大。

第3招：一定要做好厨房的通风换气。厨房要经常保持自然通风，同时还要安装性能、效果较好的抽油烟机。在烹饪过程中，要始终打开抽油烟机，炒完菜10分钟后再关抽油烟机。

第4招：尽量用蒸、煮、炒等烹饪手段。这样既可减少食用油的用量，还可减少对食物营养成分的破坏。

厨房装修 >

　　厨房的保养防护，要先了解厨房的各种材质。厨具的材质，一般可分为塑合板和美耐板两种。塑合板因为符合环保要求，且具有强大的可塑性，所以被普遍使用。在地材方面，橡胶、塑胶也具有许多优点，如价格便宜、材质有弹性、较安全、易清洗、花色花样丰富等。但使用时应该在建材背面做适当的处理，并且放在有弹性、保温又平实的平面上，在处理水泥地时，应注意防潮措施，最好的方法是加上一层防潮垫和绝缘板再铺上地板。

• 脚下的地板

以厨房地板来看，大理石及花岗石是经常被使用的天然石材，这些石材的优点是坚固耐用，永不变形，并有良好的隔音功能。但是它们有一些缺点，如价格较贵，不防水而且具有吸热、吸冷的特性，气候较潮湿地区的厨房就不适合采用，现今市场上有一种人造石材，价格较天然石材便宜，具有防水性，可谓厨房地板的建材新贵。

瓷砖地板可分为上釉及无釉两种，无釉材质较为粗糙，有防滑功能，极适合厨房的空间使用。它的优点是耐用，不易受污染，容易清理，有良好的隔音效果。但瓷砖容易打滑，因此购买时要特别注意谨慎比较材质。

如果室内空间不够大，可以尝试利用开放式的厨房，扩展视野。开放式厨房可用复式地板来区隔空间；在烹煮的工作三角区内贴上容易清洗的瓷砖，而周围的部分则以高起的木质地板来区隔不同的属性，无形中扩大了空间感。

石材的保养方法要从日常生活做起，一般在使用后即以拧干的湿布稍做擦拭，切勿以清洁剂或肥皂水用力擦洗，以免破坏石材表面的亮度。此外，可定期在石材表面上涂一层防护剂以防止石材变质，万一石材表面有变黄的现象，则用工业用双氧水沾布或者纸巾，覆盖在它上面，颜色会渐渐褪去。瓷砖的保养比较简单，清

水、肥皂水都可以。

• 身边的墙壁

厨房的壁面以方便、不易受污、耐水、耐火、抗热、表面柔软，又具有视觉效果者为佳。塑胶壁纸、有光泽的木板、经过加工处理或涂上透明塑胶漆的木材，都是比较适合的材质。

市场上有防火的塑胶壁材、瓷砖及化石棉板等，而瓷砖因具有多样的色彩花色，更受消费者欢迎。

以使用性质来区分，活动较频繁的区域，如水槽、炉台等处，可用瓷砖、黏土陶砖、

玻璃砖、不锈钢等既安全又结实的材质。

在墙面和厨具的结合处，挡水壁的铺设至少要 25 厘米。采用玻璃材质作为界隔能在夏天反射高温，而冬天导入低温，隔热隔音效果极好。

• 头顶的天花板

天花板的材质首先要重防火、抗热，当然不易污染、防褪色也是重点。防火的塑胶壁材和化石棉等都是不错的选择，设置时须配合通风设备及隔音效果。如果在厨房装设天窗，需用双层玻璃，在安全上才没有顾虑。照明设备若安在天花板和塑胶层之间，可用半透明的塑胶层。

除了在打造厨房时最细致的规划防护工程外，由于经常烹煮食物，经久使用之后，容易引起漏水之类的琐碎问题，并且极易带来虫蚁的侵害，很烦人。在厨房里，水和食物是虫害的最爱，所以厨房的卫生环境，除了勤于打扫，保持环境的干净清爽外，防止虫害的方法是严密密封厨房的出口和裂缝，如：清理台四周、水龙头、瓷砖、切割出口处、洗手台、抽油烟机出风口等漏孔。

厨房的防漏之道应面面俱到，所有的裂缝和出入口皆须加以修护填补。尤其是漏水严重的老房子更应尽快修补，以防止虫害因喜欢潮湿而接近。

• 装修原则

1. 厨房的设计应从减轻操作者劳动强度、方便使用来考虑。

2. 厨房燃气灶台的高度，以距地面700mm 为宜。

3. 厨房设计应合理布置灶具、排油烟机、热水器等设备，必须充分考虑这些设备的安装、维修及使用安全。

4. 厨房的装饰材料应色彩素雅，表面光洁，易于清洗。

5. 厨房的地面宜用防滑、易于清洗的陶瓷块材地面。

6. 厨房的顶面、墙面宜选用防火、抗热、易于清洗的材料，如釉面瓷砖墙面、铝板吊顶等。

7. 厨房的装饰设计不应影响厨房的采光、通风、照明等效果。

8. 严禁移动煤气表，煤气管道不得做暗管，同时应考虑抄表方便。

9. 厨房是烹任的场所，劳作辛苦。为减轻劳动强度需要运用人体工程学原理，合理布局。

10. 在设计上首先要考虑安全问题。

11. 厨房首重实用，不能只以美观为设计原则。

12. 厨房灯光需分成两个层次：一个是对整个厨房的照明，一个是对洗涤、准备、操作的照明。

13. 因每个人不同需要，把冰箱、烤箱、微波炉、洗碗机等布置在橱柜中的适当位置，方便开启、使用。

14. 厨房里的矮柜最好做成抽屉，推拉式方便取放，视觉也较好。而吊柜一般做成30到40厘米宽的多层格子。

15. 吊柜与操作平台之间的间隙一般可以利用起来，放取一些烹饪中所需的用具。

16. 厨房里许多地方要考虑到防止孩子发生危险。

17. 为自己设置一个可以坐着干活的附加平台。

18. 厨房里垃圾量较大，气味也大，宜放在方便倾倒又隐蔽的地方。

19. 厨房的家具、设计要依主人身材而定。

20. 抽油烟机的高度以使用者身高为准，而抽油烟机与灶台的距离不宜超过60厘米。

21. 内部设计的用料必须易于清理，最好选用不易污染，容易清洗、防湿、防热而又耐用的材料，瓷砖和塑料地板可以符合这些要求。

22. 厨房若面积够大，可放置小型餐桌，这样就能兼作饭厅使用，无须另觅空间作为饭厅，餐桌下可放置地毯以作分隔空间之用。

- **注意事项**

1. 厨房门开启与冰箱门开启不要冲突；

2. 抽屉永远不要设置在柜子角落里；

3. 地板适用防滑及质料厚的地砖，且接口要小，防止积藏污垢，便于打扫卫生。

4. 厨房的电器很多，要多预留些插孔，且均需安装漏电保护装置。

5. 厨房内灯光要足够，而照出来的灯光必须是白色，否则影响颜色判断，以至食物是否做熟也辨不出来。同时要避免灯光产生阴影，所以射灯不适宜使用。

6. 装修厨房前需要把厨房内的暖气片考虑进去，以防柜门、抽屉与之碰撞。

7. 厨房窗户的开启与洗涤池龙头不要冲撞。对厨房进行两次测量，以免过后被动。

8. 灶台与洗菜池的距离不宜太远或太近。

9. 冰箱进厨房已是趋势，但位置不宜靠近灶台，因为后者经常产生热量而且又是污染源，影响冰箱内的温度。

10. 冰箱也不宜太接近洗菜池，避免因溅出来的水导致冰箱漏电。

11. 切菜板宜安放在近窗口处，最好让阳光照射。

12. 灶台千万要避免接近窗口，以防被风吹熄灶火。

13. 厨房中储藏、洗涤、烹调三大功能区，往往形成工作三角形，依不同户型可设计为一字型、U 型、L 型、走廊型、变化型等，各有优势。对工作三角形的巧妙设计与运用，将会使你的厨房更臻完美。

14. 忌材料不耐水。厨房是个潮湿易积水的场所，所有表面装饰用材都应选择防水耐水性能优良的材料。地面、操作台面的材料应不漏水、不渗水。墙面、顶棚材料应耐水、可用水擦洗。

● 15. 忌材料易燃。火是厨房里必不可少的能源，所以厨房里使用的表面饰必须注意防火要求，尤其是炉灶周围更要注意材料的阻燃性能。有人曾经用塑料板屏蔽墙边竖立的管道，得又方便又美观，由于燃气灶就安放在旁边，一次炒菜火太大引燃的塑料板，险些酿成火灾。这样的教训应该引以为戒。

16. 忌饮餐具暴露在外。厨房里锅碗瓢盆、瓶瓶罐罐等物品既多又杂，如果袒露在外，易沾油污又难清洗。因此，厨房里的家具应尽量采用封闭形式，将各种用具物品分门别类储藏于柜内，既卫生又整齐。

17. 忌夹缝多。厨房是个容易藏污纳垢的地方，应尽量使其不要有夹缝。例如，吊柜与天花之间的夹缝就应尽力避免，因天花容易凝聚蒸汽或油烟渍，柜顶又易积尘垢，这们之间的夹缝日后就会成为日常保洁的难点。水池下边管道缝隙也不易保洁，应用门封上，里边还可利用起来放垃圾桶或其他杂物。

18. 忌使用马赛克铺地。马赛克耐水防滑，是以往厨房里使用较多的铺地材料，但是马赛克块面较小，缝隙多，易藏污垢，且又不易清洁，使用久了还容易产生局部块面脱落，难以修补，因此厨房里最好不要使用。

> **厨房十忌**

1. 水火忌十字。这里的水是指卫生间，火指厨房。古书有云：水火不留十字线。意思是说在房屋的正前、正后、正左、正右之位置及宅之中心点不宜有厨房及卫生间。

2. 厨房面积不宜小于 4 平方米，否则难以保证基本的操作要求。

3. 另外，把菜刀放在不通风的抽屉和刀架上也是不可取的，同样应该选择透气性良好的刀架。

4. 厨房内不宜悬挂镜子，特别是镜子不能照到炉火。镜子若悬挂在炉子后面的墙上，而照到锅中的食物，伤害尤其大。

5. 忌将洗衣机放在厨房。有些人会把洗衣机放在厨房，这是不好的，古人把厨房视为灶君之所在，十分神圣。

6. 忌与卫生间相对。煤气灶不可面对卫生间之坐便器，也不可暗对卫生间内之坐便器，虽然隔墙亦不可以。

7. 炉灶不可直接与水槽和冰箱相邻。水槽与冰箱所产生的水汽，与煤气灶的火气是相冲突的。所以煤气灶不宜紧邻水槽或冰箱。两者不宜相连，中间应有料理台隔开，以免水火相冲。

8. 厨房不可设在卧室之间。厨房切不可设在两个卧室之间，形成两家争厨之势，而且厨房内煤气和水电等各种管道密布，十分危险，也产生大量污物和废气，自然对居住两边的卧室中的人不利；复式住宅等厨房之上不可为

卧室，于健康不利。

9. 炉灶不宜正对门口或是背对窗户。进门不可直接见炉灶，尤其忌讳炉灶后方有窗户。炉灶为一家三餐的餐饮来源，也就是说炉灶是一家财富所在。炉灶忌风，因为风来，火容易熄灭，不安全。所以正对门口或是背对窗户皆不宜。

10. 厨房内不宜套有卫生间或工人房。

● 小设计，大世界

厨房设计是指将橱柜、厨具和各种厨用家电按其形状、尺寸及使用要求进行合理布局，巧妙搭配，实现厨房用具一体化。它依照家庭成员的身高、色彩偏好、文化修养、烹饪习惯及厨房空间结构、照明结合人体工程学、人体学、工程材料学和装饰艺术的原理进行科学合理的设计，使科学和艺术的和谐统一在厨房中体现得淋漓尽致。生产厂商以橱柜为基础，同时按照消费者的自身需求进行合理配置，生产出厨房整体产品，这种产品集储藏、清洗、烹饪、冷冻、上下供排水等功能为一体，尤其注重厨房整体的格调、布局、功能与档次。

"以大见小" >

- 设计风格

古典风格厨房

古典风格厨房对生产工艺和手工的要求都非常高，其中最特出的就是它的橱柜。古典橱柜从不同的原木色泽与纹理，使它造型风雅优美，富于变化。其在纯实木材质框架和门板上设计的装饰图案大量运用几何图形，所有图形均为手工雕刻而成，再加以手工涂漆和打磨。

现代风格厨房

依靠新材料、新的科技元素加上光与影的无穷变化，追求无常规的空间解构，大胆运用对比鲜明的色彩，以及搭配刚柔并济的选材，这便是现代风格厨房。

乡村风格厨房

朴素、宁静甚至带有些许乡土气息的"乡村派"设计日益成为时尚的潮流。乡村风格橱柜便是这样，突出了生活的舒适和自由。尤其是在色彩选择上，自然、怀旧、散发着浓郁泥土芬芳的色彩成为乡村风格的典型特征。

简约风格厨房

"极简主义"的生活哲学普遍存在于当今流行文化中。简约厨房的最大特色便是形式简洁。体现在厨房设计上，大多为简单的直线，横平竖直，减少了不必要的装饰线条，用简单的直线强调空间的开阔感，而且简约风格橱柜讲求功能至上，形式服从功能。色调偏冷，给人以清爽之感。

CHU FANG DE MI MI

• 设计类型

封闭型厨房

把烹调作业效率放在第一位考虑的独立式厨房专用空间，它与就餐、起居、家事等空间是分隔开的。

家事型厨房

将烹调同家事如洗衣等劳动集中于一个空间的厨房形式。

开放型厨房

将餐室与厨房并置同一空间，将烹饪和就餐团聚作为重点考虑的设计形式。

起居式厨房

将厨房、就餐、起居组织在同一房间，成为全家交流中心的一种层次较高的厨房形式。

- ## 区域安排

　　无论是购房者，还是室内设计师，在进行家居设计时，首先都是从功能上开始的。即先考虑平面工作线上各器具的设置，然后才是立面各储藏区空间的安排。家居中厨房所占面积虽然不大，但地位相当重要。俗话说"民以食为天"，一日三餐都离不开厨房，可见其利用率之高，以及对生活的节奏与质量所起的重要作用。如何合理地进行厨房功能设计及空间的布置，使烹饪工作更合理快捷，使就餐时更舒坦自在，便是设计的最基本要求。

　　随着居住面积的改善和厨房电器种类的日益丰富与完备，厨房也从单一的做饭、烧菜功能向包括就餐、待客、聚会等功能拓展。我们认为：在条件允许的情况下，应该合理安排就餐区、工作区及储藏区等各种功能区域，侧重功能设计。

　　由于厨房的工作过程是从储物以及对食物进行清洗加工开始的，因此我们就其先后做详细分析。

是家居与市场、购物场所的距离以及每周购物次数等生活习惯，以上诸多因素是决定厨房储物空间的重要条件；

3.饮具及饮食器皿摆放区：器具数量的多少，所用空间同样与家庭成员的人数及客往家宴多少有关，通常做菜用的铁锅、砂锅、开水锅，用餐的大小碗、筷子、杯盘、汤勺、饭勺等等，以及备料加工用的切肉刀、剁骨刀、剪刀等小件用具都要让其各就各位，这样使用起来更方便、快捷，收放时也卫生、安全。

• 储物区

　　尽可能地在厨房的有限空间中拓展更大的面积，这是厨房设计的中心点，因厨房要储藏的东西多而繁杂，像大小炉具及日常饮食器皿，烹饪的各种食物都要加以巧妙区分，合理地安排，工作起来才比较方便，因此储物区又可细分为以下三块区域。

　　1.家电区：常用的家庭电饭锅、微波炉、消毒碗柜、洗衣机、电热水瓶、饮水机、搅拌机等，最好要设置专用柜架，就其功能程序处理归位,避免来回搬动造成损坏，并保持干净；

　　2.食物及配料储藏区：食物的储存空间应有多大？这当然与家庭成员多少及厨房设计的面积有关，而另一个重要的因素

• 工作区

　　要合理安排好工作区，首先必须对厨房的工作功能进行分析，所要的设备及家具应依照烹调的工作顺序来安排，以方便操作，避免走动过多，下蹲次数过多，这一点，所有在厨房劳作过的人（特别是家庭主妇）更有体会。厨房的工作区是进行复杂调理工作的地方，如准备材料、清洗、调料、煮、煎、炒等，故工作区内工作柜的摆放顺序多为：准备台—清洗盆—调料台—加热台—摆放台等。从工作区进入就餐区，用餐后再进入清洗台，最后回到储物区。

• 就餐区

    在传统的概念中，就餐区即餐厅，既可看作独立的，在功能上又可看作是厨房的组合或延伸部分。由于近年来厨房设备、厨具日趋现代化，其美观性、整体性、卫生等都日益完善，所以在设计上便产生厨房结合型（即把就餐区内置于厨房中，或作敞开式厨房，把餐台与厨房作连接处理）的设计；另一种情况是，由于住房面积较为狭小或家庭人口较少，在做小户型设计时，多把就餐区放置于客厅作为客厅的一部分，我们谓之为客厅结合型。总之，无论何种设计，首先在功能上要注意送菜及餐毕收拾饮食器其时线路顺畅方便。在效果上让视觉因素感到柔和、舒畅，避免快餐厅式的节奏紧张、喧嚣。

一字型布局

• 布局型态

一字型

把所有的工作区都安排在一面墙上，通常在空间不大、走廊狭窄情况下采用。所有工作都在一条直线上完成，节省空间。但工作台不宜太长，否则易降低效率。在不妨碍通道的情况下，可安排一块能伸缩调整或可折叠的面板，以备不时之需。

L型

将清洗、配膳与烹调三大工作中心，依次配置于相互连接的L型墙壁空间。最好不要将L型的一面设计过长，以免降低工作效率，这种空间运用比较普遍、经济。

U型

工作区共有两处转角，和L型的功用大致相同，空间要求较大。水槽最好放在U型底部，并将配膳区和烹饪区分设两旁，使水槽、冰箱和炊具连成一个正三角形。U型之间的距离以120厘米至150厘米为准，使三角形总长、总和在有效范围内。此设计可增加更多的收藏空间。

走廊型

将工作区安排在两边平行线上。在工作中心分配上，常将清洁区和配膳区安排在一起，而烹调独居一处。如有足够空间，餐桌可安排在房间尾部。

U型布局

变化型

根据 4 种基本形态演变而成，可依空间及个人喜好有所创新。将厨台独立为岛型，是一款新颖而别致的设计；在适当的地方增加了台面设计，灵活运用于早餐、烫衣服、插花、调酒等。

工作台高度依人体身高设定，橱柜的高度以适合最常使用厨房者的身高为宜工作台面应高 800~850 毫米；工作台面与吊柜底的距离约需 500~600 毫米；而放双眼灶的炉灶台面高度最好不超过 600 毫米。吊柜门的门柄要方便最常使用者的高度，而方便取存的地方最好用来放置常用品。

开放式厨房的餐桌或吧台距离适中，可以把桌面升高至 1000~1100 毫米，椅子或吧凳可高约 400~450 毫米。在吧台下面加置一个脚踏，可令人坐得很舒服。

橱柜面板强调耐用性，橱柜门板是橱柜的主要立面，对整套橱柜的观感及使用功能都有重要影响。防火胶板是最常用的门板材料，柜板亦可使用清玻璃、磨砂玻璃、铝板等，可增添设计的时代感。

照明要兼顾识别力，厨房的灯光以采用能保持蔬菜水果原色的荧光灯为佳，这不单能使菜肴发挥吸引食欲的色彩，也有助于主妇在洗涤时有较高的辨别力。

厨房的秘密

　　天花板较经济实用的选择是装上格栅反光灯盘，照明充足而方便拆卸清洗；吊柜下部亦可装上灯光，避免天花板下射的光线造成手影，进一步方便洗涤工作。

　　管线布置注重技巧性，随着厨房设备越来越电子化，除冰箱、电饭锅、抽油烟机这些基本的设备外，还有消毒碗柜、微波炉，再加上各种食物加工设备，故插头分布一定要合理而充足。

　　厨房设计的最基本概念是"三角形工作空间"，所以洗菜池、冰箱及灶台都要安放在适当位置，最理想的是呈三角形，相隔的距离最好不超过1米。在设计工作之初，最理想的做法就是根据个人日常操作家务程序作为设计的基础。

厨房的秘密

"见微知著" ＞

• 设计细节

　　厨房台面储水沟、沥水沟在厨房中，现代技术的加入，同样带来细致而美妙的使用体验，无论收纳、准备料理还是烹饪佳肴，15 个完美的厨房细节设计，就像世界杯上的那些群星，总是恰如其分地出现在合理的位置上，将美好、精彩定格在生活瞬间。

　　1."榨干"角落，使用顺手：角落收纳柜——厨房的边角地方经常被忽略，可以在顺手的位置放置收纳，便于取放物品。

　　2.避免撞头，安心操作：上掀式吊柜——一头撞到打开的吊柜门上，会觉得气恼。传统吊柜多采用平拉式，打开柜门时既占用空间，又影响正常的料理操作，而上掀式吊柜解决了这个问题，找寻吊柜里的东西也比以前方便多了。

　　3.安静下厨，听觉享受：阻尼抽屉、嵌入式胶粒——关闭柜门、抽屉产生的噪音当然是越小越好，越来越多的人喜欢在厨房里安置音响、电视，让自己的下厨时光也有音效陪伴。那么诸如关闭柜门、抽屉产生的噪音当然是越小越好。阻尼抽屉

厨房台面

　　在装满物品的时候，可以借助滑轨的缓冲自动关闭，平滑舒缓，自然免去了"肚"中物品相互磕碰的声响。门板与箱体接触的部分，也可以依靠嵌入式胶粒而充分防撞，从表面看与箱体完全融为一体，美观而实用。

　　4.稳当开门柔和闭拢：液压撑杆、随意停撑杆——液压撑杆和随意停撑杆

可以根据门板的重量自行调节撑杆的力度，门板可以随意停在任何角度，而且门板的开启是悄无声息的。要注意的是，撑杆应该使用两个。

　　5.一目了然，舒适寻物：抽屉式立柜——大容量的立柜由门式换成抽屉式以后，直接拉出的抽屉可以使放置其中的物品全部展现在视野之内，一目了然，不必像使用门式立柜那样经常要进行下蹲运动，从光线不足的大柜子里摸索寻找物品了。

　　6.抽屉防滑，安全妥当：抽屉防滑垫、安全锁、抽屉护栏和分隔架——拍屉防滑

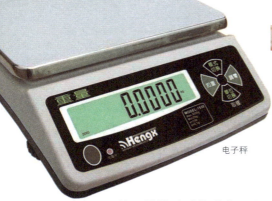

电子秤

垫可以避免因为抽屉推拉造成的噪音，既保护抽屉底板，又容易清洗。抽屉在关闭时会自动上锁，可以避免小孩子接触到容易造成伤害的器具。抽屉护栏和分隔架大大增加了拿取物品的便利。

7. 功能隔离洗涤区，伸缩洗刷：大水槽伸缩龙头——水槽上有可以暂时放置将洗或已洗器皿的沥水筐，不用担心跟正在洗的物品混放在一起。弹性可拉伸的龙头，可以帮助你对各种蔬果进行近距离的洗刷。

8. 按图索骥，对量下菜：电子秤——很多菜谱对菜肉、调味品的用量都是一板一眼，刚刚学习做饭的人不可能随手就能找准用量，这时一个小电子秤就可以让问题迎刃而解。

9. 分区照明，料理自如：感应灯——除了传统的上下布光外，今天的橱柜灯光更加人性化：借鉴了类似冰箱的感应技术，只要一拉开抽屉或柜门，里面的灯光就会亮起来，既方便存取东西，又很省电。

10. 随手扔垃圾，节约体力：水槽下垃圾桶——双手忙着择菜，又不得不四处寻找垃圾桶。打开水槽下的橱柜柜门，垃圾桶已经自动顺着滑轨滑了出来，随手扔垃圾，就是很惬意。

11. 调节高度，舒适享受：可调升降桌——人在做不同事情时对桌子所需要的高度是有差别的，这种通过液压可以随意升降的桌子简直堪称"万能桌"。准备料理时，高度应在 850 毫米到 900 毫米之间，吃饭时一般习惯 750 毫米的高度，而作为吧台招呼朋友时，人们喜欢更高一点的高度，可以站着或坐在高凳上，这样比较随意。

12. 拒绝油烟，保护皮肤：智能化吸油烟机——在远处轻轻一按就可以调节吸油烟机的风量；"延时关机"功能可以把厨房的残余油烟吸尽后再自动关机，保护皮肤。

13. 沟槽设计，保护橱柜：台面储水沟、沥水沟——它可以避免水流到门板上，延长橱柜的使用寿命，还可以保证你在烹饪时不把衣服弄脏。

14. 加宽操作台，减轻负担：后操作台——水池上方的吊柜如果不按照人体工程学合理设计，拿放物品会非常费劲，其实按照主人的下厨习惯，可以加宽水池的宽度，然后将延展的宽度作为后操作台，同时降低吊柜的高度。虽然只改变了这一点，但能把工作的强度降到最低。

15. 灵活取物，保护脊柱：抽拉式储物柜——下厨中弯腰过多会导致脊柱疲劳，全拉出式的储物拉篮可以令你轻松取放烹饪用品。

厨房的秘密

• 整体厨房

　　整体厨房是将橱柜、抽油烟机、燃气灶具、消毒柜、洗碗机、冰箱、微波炉、电烤箱、各式挂件、水盆、各式抽屉拉篮、垃圾粉碎器等厨房用具和厨房电器进行系统搭配而成的一种新型厨房形式。随着人们对生活空间要求的逐渐提高，整体厨房开始成为人们的新宠。整体厨房在设计时需要遵循如下原则。

　　水池与灶台不在同一操作台面上或距离太远。如在 U 型厨房中，将水池与灶台分别设置在 U 型的两个长边上，或在岛型厨房中，一方沿墙而放，另一方则放在岛型工作台上。热锅、清洗后的蔬菜、刚煮熟的面条必须经常在水池与灶台之间挪

动，锅里的水因此会滴落在二者之间的地板上。一般的厨房工作流程会在洗涤后进行加工，然后烹饪，最好将水池与灶台设计在同一流程线上，并且二者之间的功能区域用一块直通的台面连接起来作为操作台。

　　水池或灶台被安放在厨房的角落里。有些厨房的格局设计很不合理，烟道采用墙垛的形式，燃气管道预留在烟道附近，很多人想当然地将灶台紧贴烟道墙安放。这样，操作者的胳膊肘会在炒菜时经常磕到墙壁上，否则只能伸长胳膊操作或放弃使用贴墙灶眼烹炒食物。水池贴墙安放也会带来同样的麻烦。

岛型设计

因此，水池或灶台距离墙面至少要保留40厘米的侧面距离，才能有足够空间让操作者自如地工作。这段自由空间可以用台面连接起来，成为便利有用的工作平台。水池的下面最好放置洗碗机和垃圾桶，而灶台下面放置烤箱。这种搭配会带给使用者更多的便利。

习惯中餐的家庭往往将灶台设置在岛型工作台上。岛型设计越来越多地被应用于开放式厨房中。如果你的厨房只是一种展示，这种格局会让你心满意足，然而在烹制中餐时，锅里的油烟会四处飞溅，每餐下来，岛型工作台上，甚至附近的地面都很油腻。

对于中国人来讲，岛型工作台最好作为操作台，准备、调理每餐的食物，如果一定要将烹调区设计在岛上，建议你只在这里烧水、煲汤，而在阳台或其他区域再安放一个大火力灶眼来烹制中餐。

操作台采用同样的高度。多数家庭的所有操作台面都采用统一高度，即80厘米左右，或根据主要操作者的身高略有调整。但就厨房中的每项工作来说，并非这一高度都非常舒适。厨房台面应尽可能根据不同的工作区域设计不同的高度。而有些台面位置低些会更好，如果使用者很喜欢做面点，那么常用来制作面点的操作台可将高度降低10厘米。但是，在橱柜的设计中也不能过分追求高低变化，特别是在较小的厨房中，过多的变化会影响厨房设计整体的美观。

51

灶台位置靠近门或窗户。有些人为传菜方便，将灶台设置在离门很近的位置。开关门时，风很容易将火吹灭，而且油烟也容易飘进餐厅。而有些人为了油烟能尽快散去，将灶台设置在窗户下，这同样也很危险。

灶台的位置应靠近外墙，这样便于安装排油烟机。窗前的位置最好留给调理台，因为这部分工作花费最多的时间，抬头看着窗外的美景，吹吹和煦的暖风，让操作者有份好心情。

吊柜、底柜均采用对开门的形式。有些人为了追求橱柜在形式上的规整、或降低成本，吊柜、底柜都采用对开门的形式，但这会给使用者带来诸多不便。如吊柜门在侧开时，操作者要拿取旁边操作区的物品，稍不留意，头部就会撞到门。而存放在底柜下层的物品，则必须要蹲下身才能拿到。为了取用方便，最常用的物品应该放在高度70厘米到185厘米之间。这段区域被称为舒适存储区。吊柜的最佳距地面高度为145厘米，为了在开启时使用方便，可将柜门改为向上折叠的气压门。吊柜的进深也不能过大，40厘米最合适。而底柜最好采用大抽屉柜的形式，即使是最下层的物品，拉开抽屉也能随手可及，免去蹲下身手伸向里面取东西的麻烦。

冰箱随意放置在厨房中的某一位置，甚至于放在厨房之外的角落里或餐厅里。随意摆放冰箱会让操作者在使用中多走很多路，如从冰箱中取出的食物不能随手放在操作台上。冰箱应设计在离厨房门口最近的位置。这样，采购的食品可以不进厨房直接放入冰箱，而在做饭时，第一个流程即为从冰箱中拿取食品。冰箱的附近要设计一个操作台，取出的食品可以放在上面进行简单的加工。不论厨房的大小和形状如何变化。在厨房的流程中，以冰箱为中心的储藏区，以水池为中心的洗涤区，以灶台为中心的烹饪区所形成的工作三角形为正三角形时，最为省时省力。

餐桌紧邻灶台。在开放式厨房中，餐厅与厨房连在一起，这时，采用最多的厨房设计是岛型格局。有些人将岛型工作台设计为烹饪区或洗涤区，并将餐桌与其紧密相连，希望以这样方式让烹饪者随时能与家人交流。但在使用中会发现，油烟、水会不停地溅在餐桌上。为了让家人有一个良好的就餐环境，餐桌最好远离灶台。如果家人以餐厅和厨房作为家庭的重要活动中心，可以采用餐桌与备餐台相邻的方式，因为备餐花费的时间最长，家人也可以共同来参与。在厨房与餐厅之间加一道滑动门也是很好的处理方式，平时两个空间融为一体，炒菜时关上门，让厨房成为独立的操作空间。

电器不能采用内置的形式。在整体厨房中，仍然有许多电器，如冰箱、微波炉等设备没有采用内置的方式。它们独立地摆放在厨房中，使厨房在视觉上仍然很凌乱。特别是冰箱，在购买整体厨房的家庭中，只有不到 1/10 的家庭选择内置式冰箱。

整体厨房的要领即为厨房中的所有物品，包括餐具、锅具、炊具，以及电器全部放置于橱柜之中，使厨房整齐划一。冰箱放置在离门口最近的高柜中，与门的开门间距至少为 70 厘米，这样打开门的时候不会挡住冰箱。如果空间很小，就要选择推拉门。烤箱放置在灶具下方的底柜中，烤箱附近要有一个小的操作台面。洗碗机放在水池附近的底柜中，方便上下水源。其他的小电器可以根据厨房的格局及家人的生活习惯使它们各得其所。

厨房艺术 〉

在欧洲,从13世纪前半叶开始,由于哥特式建筑风格的涌现,由多个局部雕琢成的具有风格的整体厨房为社会的各阶层所认同,原本被长期忽略了的厨房装修开始具有了灵感和思想。

厨房的秘密

到了14世纪以后的巴洛克风格时期，对细部的注重受到了皇室和贵族的推崇，并很快影响到整个欧洲大陆的所有居民。镀金的把手，考究的搭配，豪华的装饰品仿佛本来就该是厨房的一部分，巴洛克风格对厨房的影响使厨房在视觉上传达了极端奢华高贵的感觉，成为权力、地位、财富的象征。

意大利文艺复兴时期的艺术影响力大大推动了厨房生活的流行趋势，欧洲各国都在传统家具上饰以各种色彩，并用各种特色饰品装饰，传统与流行的结合，使家具产品更具有个性。由于这一时期浓厚的艺术气息和欧洲古老而复杂的历史传奇，让橱柜乃至厨房生活也充满了奇异梦幻的色彩。设计师们把艺术与橱柜巧妙地融合在一起，由此奠定了欧洲厨房生活的格调——高贵典雅的艺术，就像达·芬奇的"蒙娜丽莎"一样。直到今日，这种中古欧洲的华丽风格反映在家具上，其高贵气息仍为现代人所激赏，本是流传百年的艺术，当然永远有其拥护者。

自1871年普法战争结束至1914年第一次世界大战爆发，欧洲有40多年的和平，人民生活在浪漫与幻想之中，那时的设计或多或少的都带有怀旧的色彩，比如工艺美术运动、新艺术运动，它们力图阻止工业化的出现。

理性的德国设计风格

　　一战，让人们产生的恐惧，忧患意识取代了对未来的美好憧憬，形成了一个特殊观点：如果机械失控会屠杀人类自身。这是人类第一次对大规模的工业化产生的消极结果做出判断。当时的欧洲正处在一个很不安定的状况下，社会民主思想开始逐渐移入一批清醒的厨房设计师脑中，他们努力从厨房设计着手改良社会，提出"厨房设计是为了大众"的观点，最后，这些人变成了现代厨房设计的核心。德国的厨房设计立场就受到了社会工程和社会工作立场的影响，它强调厨房设计怎样为德意志民族创造更好的条件。包豪斯的第一任校长、著名的建筑师沃尔特·格罗佩斯曾说："我

的设计要让德国公民的每个家庭都能享受6个小时的日照。"由此可见，他们进行的是"社会工程活动"，即对社会进行工程化的改革。"少即是多"的现代设计形式不是对形式考虑的结果，而是解决问题、满足大众基本生活需要的形式的结果，它产生的原因是社会民主思想，目的则是创造廉价的、可以批量生产的产品。

　　二战后，意大利泯灭不了的艺术文化底蕴复苏了，厨房设计领域里又开始重申"艺术的源泉"，并强调"艺术与科学结合"的主张，初次尝试现代化风格的厨房设计。同时，德国逐步将理想的功能主义完美地实现在工业生产上。

由于德国橱柜厂商注重工业生产，所以德国的设计是冷静的、高度理性的，甚至是不尽人情的，以致有时缺乏对设计和人的心理关系的考虑。意大利的现代厨房设计却十分注意这一关系，它丰富的历史文化遗产是决定因素。而且意大利人爱好饮食，喜欢将更多的时间放在厨房，使得人和厨房的关系极为密切，这就要求厨房设计必须注意人的心理感受。意大利人把设计当作一种文化来看待，不单纯把它看为赚钱的工具，于是小批量和高品位成了意大利厨房设计的优势。

总体上来讲，欧洲人认为设计是他们生活的组成部分，美国人以之为赚钱的工具，日本人则认为设计是民族生存

意大利的现代厨房设计

的手段……基于各自追求的不同，欧洲的橱柜业，乃至家具业发展最成熟，尤其是意大利和德国。

时间推至20世纪80年代，厨房设计又面临新的形势。欧洲的厨房设计师们开始探索：是否应该在设计时注意设计对象与其他产品之间的关系，必须要跨出设计对象的设计范围来考虑问题。如

设计杯子，不是单纯以是否符合人体工程学或以优美的造型为标准，而要考虑它在什么场合使用，要让杯子能与周围的环境相适应。随着设计师考虑的设计范围日趋增大，出现了以品种分类的边缘的模糊化问题，各类学科也有了互相兼容的现象，即学科的交叉化。在思想与艺术的碰撞下，在生活与理性的交融下，欧洲橱柜界在

世界上首次提出了"打造个性化厨房"的理念！

同时，另一个强力冲击来自电脑。80年代，个人电脑的普及给厨房设计带来了无法想象的冲击。原先用画笔描绘或用其他特殊技法完成的效果图，只需用一台硬件配置很好的电脑和优秀制图软件相配合，便可使制图所花费的时间缩短一半以上，并且图样美观准确。这对设计及其教育体系是革命性的冲击。

在两大冲击的影响下，欧洲橱柜厂商开始纷纷研发适用于本企业的厨房专业设计软件。速度、高效、系统、公正、科学……这类型的专业软件由于其优点的不可超越性，而在欧洲得到普及。

当今时代，随着全球跨地域文化交流的不断深入，厨房生活的理念发生了明显的变化。具体表现在：强烈的时代气息与个性化风格被重点提倡，厨房生活的科学性、合理性在逐渐加强，传统厨具风格与时尚流行风格的深入融合等等。由于家居空间的大幅扩充，开放式的厨房不再只是主妇的专属地，而是全家人生活的所在。人们的厨房观念也从基本烹饪功能向多功能、娱乐化、舒适性的方向发展。

厨房观念的转变意味着人们生活品质和生活方式的变化。在欧洲，厨房的概念除去传统的饮食功能，大部分已经兼有了娱乐、休闲以及家庭情感沟通、朋友聚会等诸多功能。"Living in Kitchen"早已成为一种深入骨髓的生活方式，而且是一种必需，厨房至此真正变成一种愉悦精神的身心享受之地。

● 厨具连连看

厨房，是用来做饭洗菜的地方。在整个家居家具中，厨房家具占据着非常重要的作用。每个家庭的厨房用品，几乎家里人每天都要与其打交道，家庭厨房用品在很多业主看来已经是屡见不鲜，但是每个时期家庭厨房用品都在大力发展，科技含量越来越高。

家庭厨房用品有两种分类方法：按照使用场合来分，可分为商用厨具和家用厨具。商用厨具适用于酒店、饭店等大型厨房设备，家用厨具一般用于家庭。

按照用途来分，可分为以下5个小类。

1.储藏用具，分为食品储藏和器物用品储藏两大部分。食品储藏又分为冷藏和非冷储藏，冷藏是通过厨房内的电冰箱、冷藏柜等实现的。器物用品储藏是为餐具、炊具、器皿等提供存储的空间。储藏用具是通过各种底柜、吊柜、角柜、多功能装饰柜等完成的。

2.洗涤用具，包括冷热水的供应系统、排水设备、洗物盆、洗物柜等，洗涤后在厨房操作中产生的垃圾，应设置垃圾箱或卫生桶等，现代家庭厨房还应配备消毒柜、食品垃圾粉碎器等设备。

3.调理用具，主要包括调理的台面，整理、切菜、配料、调制的工具和器皿。随着科技的进步，家庭厨房用食品切削机具、榨压汁机具、调制机具等也在不断增加。

4.烹调用具，主要有炉具、灶具和烹调时的相关工具和器皿。随着厨房革命的进程，电饭锅、高频电磁灶、微波炉、微波烤箱等也大量进入家庭。

5.进餐用具，主要包括餐厅中的家具和进餐时的用具和器皿等。

生产原则

• 卫生原则

厨房用具要有抗御污染的能力，特别是要有防止蟑螂、老鼠、蚂蚁等污染食品的功能，才能保证整个厨房用具的内在质量。市场上有的橱柜已采取全部安装防蟑条密封，此项技术能有效防止食品受到污染。

• 防火原则

厨房是现代家居中唯一使用明火的区域，材料防火阻燃能力的高低，决定着厨具乃至家庭的安全，特别是厨具表层的防

火能力，更是选择厨具的重要标准。所以，正规厨具生产厂家生产的厨具面层材料全部使用不燃、阻燃的材料制成。

• 方便原则

厨房内的操作要有一个合理的流程，因此，在厨具的设计上，能按正确的流程设计各部位的排列，对日后使用方便十分重要。再就是灶台的高度、吊柜的位置等，都直接影响到使用的方便程度。因此，要选择符合人体工程原理和厨房操作程序的厨房用具。

• 美观原则

厨具不仅要求造型、色彩赏心悦目，而且要有持久性，因此要求有较易的防污染、好清洁的性能，这就要求表层材质有很好的抗油渍、抗油烟的能力，使厨具能较长时间地保持表面洁净如新。

65

厨具忌用事项

1. 忌用油漆或雕刻镂镂的竹筷。涂在筷子上的油漆含铅、苯等化学物质，对健康有害。雕刻的竹筷看似漂亮，但易藏污纳垢，滋生细菌，不易清洁。

2. 忌用各类花色瓷器盛作料。作料最好以玻璃器皿盛装。花色瓷器含铅、苯等致病、致癌物质。随着花色瓷器的老化和衰变，图案颜料内的氢对食品产生污染，对人体有害。

3. 忌铁锅煮绿豆。因绿豆中含有元素单宁，在高温条件下遇铁会成黑色的单宁铁，使绿豆汤汁变黑，有特殊气味，不但影响食欲、味道，而且对人体有害。

4. 忌不锈钢或铁锅熬中药。因中药含有多种生物碱及各类生物化学物质，在加热条件下，会与不锈钢或铁发生多种化学反应，使药物失效，甚至产生一定毒性。

5. 忌用乌柏木或有异味的木料做砧板。乌柏木含有异味和有毒物质，用它做菜板不但污染菜肴，而且极易引起呕吐、头昏、腹痛。因此，民间制作砧板的首选木料是白果木、皂角木、桦木和柳木。

保养方法 ›

• 清洗方法

不锈钢灶具不能用硬质百洁布、钢丝球或化学剂擦，要用软毛巾、软百洁布带水擦或用不锈钢光亮剂擦亮。

大理石台面不能用甲苯擦，否则难以清除花白斑。宜用软百洁布擦。

水槽、洗面具、马桶、浴缸等陶瓷制品上的油污，不能用含有研磨颗粒的百洁布、钢丝球、金属刷，用中性、弱碱性清洁剂为宜。

水垢不能使用酸性较强的洁厕粉、稀盐酸等，会损坏釉面，失去光亮。

铁锈撒上清洁剂长时间不清洁，瓷釉会变色，应及时清洁。

普通门板用柔软的棉布擦拭清洁，高光面门板用柔软的绒毛布擦拭清洁，不要用钢丝球或粗糙的毛刷清洗，以免损坏门板表面。

一般的油渍污垢用中性清洁剂或肥皂水擦拭，并用干布擦干；较顽固的污渍用去污粉和百洁布擦拭，不可用高浓度或腐蚀性强的溶剂擦拭。

金属配件每隔半年向活动部位滴加润滑油保养。

设个碗碟架。不少家庭习惯把洗过的碗和碟子摞在一起放在橱柜里，刚洗过的碗碟朝上叠放在一起很容易积水，加上橱柜密闭、不通风，水分很难蒸发出去，自然会滋生细菌。有人喜欢用干抹布把碗擦干，但是抹布上带有许多细菌，这种貌似"干净"的做法适得其反。此外，碗碟摞在一起，上一个碗碟底部的脏物全都沾在下一个碗碟上，很不卫生。专家建议，可以在洗碗池旁边设一个碗碟架。清洗完毕，顺手把碟子竖放、把碗倒扣在架子上，很快就能使碗碟自然风干，既省事又卫生。

筷筒和刀架要透气。有些人把筷子洗完后放在橱柜里，或放在不透气的塑料筷筒里，这些做法都是不可取的，最好是选择不锈钢丝做成的、透气性良好的筷筒，并把它钉在墙上或放在通风处，这样能很快把水沥干。厨房内的刀和利器，不可外露。厨房中的各种菜刀或水果刀不应悬挂在墙上，或插在刀架上，应该放入抽屉收好。厨房内也不应悬挂蒜头、洋

葱、辣椒，因为这些东西会吸收阴气。

把厨具挂起来。很多人习惯把厨房用具放到抽屉里，或放在锅和炒勺里，并盖上盖子，这同样不利于保持干燥。切菜板容易吸水，表面多有划痕和细缝，经常藏有生鲜食物的残渣。如果清洁不彻底、存放不当，食物残渣腐烂后会使细菌大量繁殖。要解决这几个问题，不妨在厨房里进行一场小小的革命：在吊柜和橱柜之间，或在墙上方便的地方安装一根结实的横杆，并在横杆上装上挂钩，把清洗后的锅铲、漏勺、打蛋器、洗菜篮等挂在上面，这样可以沥干水分；在离这些用具较远的一端挂抹布、洗碗布和擦手毛巾，在横杆的另一端则装一个更结实的挂钩，把切菜板也悬挂起来，这样就能保证其干爽。采用这种横杆挂物的办法，还能使厨房保持整洁，各种用具拿起来也很顺手，可谓一举多

得。需要注意的是，悬挂、放置在橱柜外的物品在自然风干的同时也会沾染尘埃，使用前应认真冲洗干净。

菜刀、锅铲等生了锈，可用萝卜片或马铃薯加少许细沙末擦洗，或用软木擦拭，刀锈会立即消除。用淘米水浸泡数日后具有同等功效。还可用切开的葱头涂擦，也可除锈。平时菜刀用毕可涂一点生油或用姜片揩干，可以防止生锈。菜刀要接触各种食物，切过鱼和肉的菜刀，都会沾上一股腥味。只要用生姜片擦一遍，腥味就可除去。菜刀用久了，刀把有时会掉下来，这时可用一些松节油和明矾填入刀把孔内，然后把刀柄脚烧红、插进刀把孔，待凉后即可使用。菜刀用盐水泡后好磨。把用钝的菜刀，先放在盐水中泡 20 分钟，然后再磨，边磨边浇盐水。这样既容易磨，磨得又锋利，还可延长菜刀的使用寿命。

• 砧板清洗方法

　　生鱼、生肉和蔬菜不管怎样冲洗，总有各种细菌、寄生虫卵存留。因此切鱼切肉切菜必然有细菌留在菜板上。据检验，每平方厘米的菜板面上，有葡萄球菌200多万个，大肠杆菌400多万个，还有其他细菌。足见，经常对菜板清洗灭菌消毒是非常必要的，特别是夏季更有必要。作为家庭对菜板进行简单易行的清洗灭菌消毒的方法有以下5种。

- **沸水淋烫法**

　　菜板用完之后，将板面上的残渣去掉，擦洗干净后用自来水冲洗两遍，再用沸水烫一遍，病菌可减少 2/3。

- **日晒法**

　　在夏季（包括春末秋初）将菜板洗净后放在阳光下晒 2 小时或更长时间，利用阳光中的紫外线消毒灭菌。

- **撒盐法**

　　除去菜板面上的残渣后，用清水冲洗干净，再在板面上均匀地撒上细粉状食盐。一般每 3 天撒一次盐即可有效地灭菌。

- **喷洒醋精法**

　　将菜板上残渣洗净，擦干余水，再在板面上均匀地喷洒食用醋精（浓度为 15%）。醋精对伤寒杆菌、葡萄球菌、大肠杆菌、痢疾杆菌、嗜盐菌、流感病毒等有杀灭或停止其繁殖的作用。

- **喷洒酒精法**

　　在干净无水的菜板上均匀地喷洒酒精一遍即可。

▷ 不锈钢厨具

不锈钢一般分为"铬不锈钢"和"铬镍不锈钢"。前者是含铬 13% 以上的铁铬合金钢；后者是以铁、铬、镍为主要成分的合金钢，一般含铁 60%~75%、铬 10%~20%、镍 2%~10%，铬不锈钢的质量不如铬镍不锈钢，无论哪一种不锈钢，都有生锈的可能性，只是在通常状况下不易生锈而已。

不锈钢厨具如若使用不当，也会因锈蚀而释放出毒性成分，威胁健康。所谓使用不当，有以下三种情况：长时间存放盐、酱油、醋、酱、菜汤，不锈钢会与这些食物中电解质起化学反应，使有毒的元素被溶解出来并随食物进入人体；用不锈钢器皿煎中药。中药中的生物碱、有机酸会与不锈钢发生化学反应，或使药物失效或使药物有毒；用强碱或强氧化性化学药剂洗涤，如用苏打、漂白粉、次氯酸钠等物质洗涤不锈钢器皿，会起化学反应，释放出有毒元素。

美味之源——烹调用具 〉

烹调用具的种类很多，且因各地菜肴系统的使用及习惯而不同，所以要谈论许多烹调用具的规格，实非易事。以下介绍一般常用的主要用具。

● 铁锅

铁锅是国人烹饪食物的传统厨具，一般不含化学物质，不会氧化。在炒菜、烹煮食物的过程中，铁锅很少有溶出物，即使有铁物质溶出，对人体也有好处。铁锅的主要品种有印锅、耳锅、平锅、油锅、煎饼锅等。主要成分是铁，还含有少量的硫、磷、锰、硅、碳等。

铁锅有生铁锅和熟铁锅之分：生铁锅是选用灰口铁熔化用模型浇铸制成的；熟铁锅是用黑铁皮锻压或手工捶打制成，具有锅坯薄，传热快的性能。一般烹调使用熟铁锅；煮和蒸则使用生铁锅。生铁锅易坏，而热传导亦不如熟铁锅快，所以不适宜烹调用。熟铁锅，有双手式和单手式两种。要辨认铁锅的品质，就要检查铁的光泽。熟铁锅以白亮者为上品，暗黑色者为下品；生铁锅则以青色发亮者为上品。此外，要注意查看有无碰伤、破裂等缺点。

普通铁锅容易生锈，人体吸收过多氧化铁，即锈迹后，会对肝脏产生危害。因此，人们在使用铁锅时，需要遵守一些使用原则才能有益健康。

炒完一道菜后，刷一次锅，再炒一道菜。每次饭菜做完后，必须洗净锅内壁并将锅擦干，以免锅生锈，产生不利人体健康的氧化铁。尽量不要用铁锅煮汤。不要用铁锅盛菜过夜，因为铁锅在酸性条件下会溶出铁，破坏菜中的维生素C。刷锅时尽量少用洗涤剂。如果锅内有轻微的锈迹，可用醋进行清洗。对于严重生锈、掉黑渣、起黑皮的铁锅，不宜再使用。此外，铁锅也不宜用来熬药，不宜用铁锅煮绿豆。

铁元素是身体所需的一种矿物质，因此用铁锅炒菜对人体所需铁元素是一种有益的补充。但是铁锅有一个缺点：长时间使用，会使锅底出现漏洞而报废，因此，对铁锅的选购和保养都应注意，选购时宜选厚薄均匀且锅内有锈斑的薄锅；锅薄传热快，在挑选时，可将锅底朝天，手指顶住中心用硬物敲，锅声响、手感震动大者为好；将铁锅放在平整处，若厚薄不均，锅会倾向厚的一边；锅内有锈斑，表明存放时间长，锅内"金相"组织趋于稳定，锅不易破裂。

为了延长铁锅的使用寿命，从新锅进厨房那天起就应该采取保养措施：新买的铁锅，可放在火上烘烤，以改变它的脆硬性质；尽量不与煤球、柴炭等接触；用后要洗刷干净，放干燥处；长期不用，可涂上一层食用油，放在通风干燥的地方；炒菜前将锅反悬于火上烘烤一会儿，时间长短视火势而定，一般是七八秒左右，然后正放于炉上即可下油。

• 铁勺

铁勺是搅拌锅中的菜，加调味品及盛菜入器皿时用的工具。圆勺长柄，柄端有木制把手。铁勺的规格以盛量为标准。

• 锅铲

锅铲，炒菜时用以翻拨原料，煮饭时搅米、起饭、铲锅巴的工具。一般以熟铁、不锈钢、铝材制成。有大有小，煮饭用的较大，有长柄；炒菜用的较小。

锅铲的种类：一般按材料分为木柄锅铲、铁柄锅铲、不锈钢锅铲、塑料锅铲等。也有按构造分为传统锅铲、平直锅铲、漏铲等。

• 炉灶

炉灶是烹调时加热的工具，也是烹调的主要设备。任何厨师都必须了解炉灶的基本知识，熟知炉灶的性能，把握炉灶的使用方法，才能正确运用火候进行烹调，做出色、香、味、形俱佳的菜肴。

炉灶依照所使用的燃料分类：分为烟炭炉灶、稻壳木屑炉灶、瓦斯炉灶等；依照炉灶的用途分类：有炒灶、蒸灶、烘灶、烤灶及使用于各种烹调的炮台灶（有一个主火口及利用余热的 1~2 个副火口）等。

在历史上，最早研制燃气灶的是法国人菲利普·鲁本，他在 1799 年 9 月 21 日获得了用煤气照明和取暖两用装置的专利权。第二年，鲁本在巴黎的一家饭店里，自己花钱装置这种设备。由于当时鲁本研制的燃气灶会发出难闻的臭味，所以在开始的时候并不受人欢迎，没能得到推广。尽管如此，他仍以极大的热情继续研究和改进这种装置。1804 年，在拿破仑举行加冕礼的那天，鲁本在巴黎的一条街上被人杀害，燃气灶的研制工作中断了。

而世界上第一个供厨房用炒菜的燃气灶具是由英国北安普敦瓦斯公司的副经理詹姆斯·夏夫在 1826 年发明的。他将自己发明的燃气灶装在自己家的厨房里，用来烤肉做菜。这是一种立式炉灶，由吊在天花板上用来挂肉的钩子和下面的圆圈形火口组成。没有放锅的炉台。

最早购买燃气灶的是法国利明顿的巴士旅店。1834 年，巴士旅店用燃气灶给 100 人做晚饭，不但饭菜味道可口，而且没有一点煤气的臭味，是十分理想的炉灶。1836 年夏天，在英国北安普敦开办了一家 35 名工人的工厂，专门生产燃气灶。

1852 年，像现在使用的将煤气燃烧装置与炉台合二为一的炉具开始出售。1915 年，开始出现有恒温器控制的燃气灶。

1855 年，德国化学家本生发明了被称为"本生灯"的气体燃烧装置，这是一种装氧气与可燃性气体混合燃烧而产生高温的装置。在"本生灯"出现之后不到一年，英国的霍丁顿·安东·史密斯公司发明了世界上第一具用气体燃料的家用取暖装置。后来，燃气灶的逐渐普及及煤气的源源供应，便形成了今天的燃气灶具。

• 高压锅

高压锅又叫压力锅，用它可以将被蒸煮的食物加热到 100℃以上，于 1679 年由法国物理学家帕平发明。它以独特的高温高压功能，大大缩短了做饭的时间，节约了能源；但是工作压力大的压力锅对营养的破坏也比较大。

高压锅的原理很简单，因为水的沸点受气压影响，气压越高，沸点越高。在高山、高原上，气压不到 1 个大气压，不到 100℃水就能沸腾，鸡蛋用普通锅具是煮不熟的。在气压大于 1 个大气压时，水就要在高于 100℃时才会沸腾。人们常用的高压锅就是利用这个原理设计的。高压锅把水相当紧密地封闭起来，水受热蒸发产生的水蒸气不能扩散到空气中，只能保留在高压锅内，就使高压锅内部的气压高于 1 个大气压，也使水要在高于 100℃时才沸腾，这样高压锅内部就形成高温高压的环境，饭就很快做熟了。当然，高压锅内的压力不会没有限制，要不就成了炸弹。

一般分为普通铝合金压力锅、不锈钢

复合底铝合金压力锅、不锈钢压力锅、电压力锅 4 种。

使用高压锅时，要注意遵循一定的规则，才能保证一定的安全和高压锅的使用寿命。首先，高压锅里的焖煮食物连同水的总量不得超过总容量的 4/5；加盖前，排气孔、安全阀座下孔洞应无残留物，加盖时，上下两手柄必须完全重合；限压阀扣上阀座，必须在蒸汽从泄压孔中排出之后，当限压阀发出较大嘶嘶声时，要立即改用小火，直到烹调规定时间；离火后，可让其自然冷却，也可用冷水快速浇淋冷却；开锅盖前，用试抬起重锤式调压装置的方法确认其冷却后再取下调压装置降下锅内残压，然后旋转锅盖把手打开锅盖。高压锅的维护和保养是一项全面细致的工作。锅口部不能用利器敲打，也不能重压磕碰，一旦变形就会影响使用效果。锅上零件与手接触部分是酚醛型料式电木粉制，最好不要摔碰、火烧造成破裂。安全阀孔和排气孔不得有

任何油污，否则容易影响效用降低安全性。密封圈应单独清洗，使其保持自由状态而不应有压缩或扭曲。

• 电饭锅

电饭锅是一种能够进行蒸、煮、炖、煨、焖等多种加工的现代化炊具。它不但能够把食物做熟，而且能够保温，使用起来清洁卫生，没有污染，省时省力，是家务劳动现代化不可缺少的用具之一。利用电热烹饪食物的厨房电器。其工作温度大多在 100℃上下，可以进行蒸、煮、炖、煨、焖等多种烹饪操作。

79

电饭锅的发热元件，有电热管式发热板及 P.T.C. 元件发热板。电热管式发热板具有良好的绝缘性、耐蚀性、导热性和机械强度，寿命长和效率高；P.T.C. 元件发热板具有正温度电阻系数和自动控制温度的特性，效率高，无明火，电饭锅受电源波动影响小。

电饭锅的温度控制元件有双金属片温度控制系统和磁性材料温度控制系统，前者不如后者安全可靠。电饭锅按锅体的结构形式分为组合式和整体式；按使用时锅内压力分为低压式 (0.04MPa)、中压式 (0.1MPa) 和高压式 (0.15~0.2MPa)；按加热食物的方式分为直接加热式和间接加热式。

使用电饭锅煮饭时，先将洗好的米放入内锅，米在内锅水里要分布均匀，使内锅与发热盘完全吻合。电源接通以后，按下电键即可煮饭。饭煮熟时，电链会自动跳起复位，指示灯也熄灭。若要保温，顺其自然；若不保温，拔下插头即可。在使用电饭锅时，应将其放在水平位置使用，不要在潮湿的地方和有水溅湿之处煮饭。盛水不要太满，一般不要超过内锅容量八成，不然，沸腾时水从锅里溢出流进开关电键，会损坏机件。煮好饭或其他食物要取出内锅时，应先拔下插头，切断电源，切忌用水洗电饭锅外壳，因为溅湿电器部位会引起漏电。外壳污脏时可月柔软湿布抹净。

• 微波炉

　　微波炉，顾名思义，就是用微波来煮饭烧菜的。微波炉是一种用微波加热食品的现代化烹调灶具。微波是一种电磁波。微波炉由电源、磁控管、控制电路和烹调腔等部分组成。电源向磁控管提供大约 4000 伏高压，磁控管在电源激励下，连续产生微波，再经过波导系统，耦合到烹调腔内。在烹调腔的进口处附近，有一个可旋转的搅拌器，因为搅拌器是风扇状的金属，旋转起来以后对微波具有各个方向的反射，所以能够把微波能量均匀地分布在烹调腔内，从而加热食物。微波炉的功率范围一般为 500~1000 瓦。

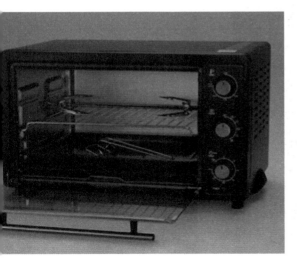

• 烤箱

　　烤箱是一种密封的用来烤食物或烘干产品的电器，分为家用烤箱和工业烤箱。家用烤箱可以用来加工一些面食。如面包、比萨，也可以做蛋挞、小饼干之类的点心。还有些烤箱可以烤鸡肉。做出的食物通常香气扑鼻。工业烤箱，为工业上用来烘干产品的一种设备，有电的、有瓦斯的，又叫烤炉、烘干箱等。

古代炊具

我国古代炊具有鼎、镬、甑、甗、鬲等。

鼎，最早是陶制的，殷周以后开始用青铜制作。鼎腹一般呈圆形，下有三足，故有"三足鼎立"之说；鼎的上沿有两耳，可穿进棍棒抬举。可在鼎腹下面烧烤。鼎的大小因用途不同而差别较大。古代常将整个动物放在鼎中烹煮，可见其容积较大。夏禹时的九鼎，经殷代传至周朝，象征国家最高权力，只有得到九鼎才能成为天子，可见它是传国之宝。

镬是无足的鼎，与现在的大锅相仿，主要用来烹煮鱼肉之类的食物；后来它又发展成对犯人施行酷刑的工具，即将人投入镬中活活煮死。

甑，是蒸饭的用具，与今之蒸笼、笼屉相似，最早用陶制成，后用青铜制作，其形直口立耳，底部有许多孔眼，置于鬲或釜上，

甑里装上要蒸的食物，水煮开后，蒸汽透过孔眼将食物蒸熟。

鬲与鼎相近，但足空，且与腹相通，这是为了更大范围地接受传热，使食物尽快烂熟。鬲与甑合成一套使用称为"甗"。鬲只用作炊具，故体积比鼎小。炊具可分为陶制、青铜制两大类。一般百姓多用陶制，青铜炊具为贵族所用。

视觉享受————餐具 〉

　　餐具是用于分发或摄取食物的器皿和用具。餐具包括成套的金属器具、陶瓷餐具、茶具酒器、玻璃器皿、盘碟和托盘以及五花八门、用途各异的各种容器和手持用具。

　　餐具也是吃饭的用具，如碗、筷、羹匙、盘、碟等。日常餐具以瓷器餐具最多，瓷器餐具按制作原料又分白瓷餐具、骨瓷餐具、贝瓷餐具、镁质瓷、强化瓷等，其中骨瓷餐具市场上较为流行。

餐具的出现 ＞

餐具是逐步发展起来的，各种礼仪活动中使用的酒杯、类似汤匙的东西，在相当早期就出现了。中国人早在公元前就使用筷子了，但餐叉在英国出现却只是三四百年前的事。当餐叉刚传入英国时，曾遭到传教士们的反对。他们认为肉和其他食物都是上帝为造福人类而恩赐的，避免用手指接触食物，是对上帝的傲慢无礼和侮辱。

伊丽莎白女王一世也是用手指进餐的，但这有一套极严格的规矩。据斯塔肯记载，食物"应该用三只指头拿起"，"舔吮或是在衣服上擦油腻的手指是不雅的举止"。

毛巾和洗手碟是必备之物，在罗马时代，每位客人都带着自己的毛巾。餐巾的使用只有二三百年的历史，但当时很快就成为餐桌布置的一部分。查理二世的御厨盖尔·罗斯在他的著作《烹调指导大全》一书中，曾叙述了多种折叠餐巾的方法。供个人使用的餐盘出现在"垫盘"之后。"垫盘"实则是一片面包，先让它吸透放在其上的肉的汁水，然后吃掉。

• 餐具种类

铜餐具：不少人使用铜餐具、铜壶、铜匙、铜火锅等。在铜餐具表面上，常可看到一些蓝绿色的粉末，人们叫它铜锈。它是铜的氧化物，是无毒的。但是为了清洁起见，在装食物前，最好还是将铜餐具的表面用砂纸磨光。

瓷器餐具：瓷器过去被公认为是无毒餐具，但近来也有瓷器餐具使用中毒的报告。原来有些瓷器餐具的漂亮外衣（釉）中含有铅，如果烧瓷器时温度不够或者涂釉配料不符合标准，就可能会使餐具含有较多的铅。当食物与餐具接触时，铅就可能溢出釉的表面混入食物中。因此，那些表面多刺、多斑点、釉质不够均匀甚至有裂纹的陶瓷产品，不宜做餐具。另外大部分瓷器黏合剂中含铅较高，故补过的瓷器，最好不要再当餐具使用。挑选瓷器餐具时，要用食指在瓷器上轻轻拍弹，如能发出清脆的罄一般的声响，就表明瓷器胚胎细腻，烧制好，如果拍弹声发哑，那就是瓷器有破损或瓷胚质劣。

搪瓷餐具：搪瓷制品有较好的机械强度，结实，不易破碎，并且有较好的耐热性，能经受较大范围的温度变化。质地光洁、紧密，不易沾染灰尘，清洁耐用。搪瓷制品的缺点是遭到外力撞击后，往往会有裂纹、破碎。涂在搪瓷制品外层的实际上是一层珐琅质，含有硅酸铝一类物质，若有破损，便会转移到食物中去。所以选购搪瓷餐具时要求表面光滑平整，搪瓷均匀，色泽光亮，无透显底粉与胚胎现象。

85

木制餐具：竹木餐具的最大优点是取材方便，且没有化学物质的毒性作用。但是它们的弱点是比其他餐具容易污染、发霉。假如不注意消毒，易引起肠道传染病。

塑料餐具：常用的塑料餐具基本上是由聚乙烯和聚丙烯作原料的。这是大多数国家卫生部门认可的无毒塑料，市场上的糖盒、茶盘、饭碗、冷水壶、奶瓶等均是这类塑料。但是与聚乙烯分子结构相似的聚氯乙烯却是一个危险分子，人们发现一种罕见的肝脏血管瘤，几乎都与经常接触聚氯乙烯的人相关。因此在使用塑料制品时，一定要注意其原料是什么。当手头没有产品说明书时，可用以下方法加以鉴别：摸上去手感光滑、遇火易燃、燃烧时有黄色火焰和石蜡味的塑料制品，是无毒的聚乙烯或聚丙烯。摸上去手感发黏、遇火难燃、燃烧时为绿色火焰、有呛鼻气味的塑料是聚氯乙烯，不可作食物盛器。不要选择色彩鲜艳的塑料餐具，据检测，部分塑料餐具的色彩图案中铅、镉等重金属元素释出量超标。因此尽量选择没有装饰图案且无色无味的塑料餐具。

钛制餐具：运用智慧金属钛的特点结合特殊的物理化学表面着色工艺处理，使其具有独特的金属光泽，质地可以与银质餐具相媲美。钛制餐具是未来餐具使用材料的趋势，因其质量轻，使用轻巧，具有无毒无味、无辐射、不生锈、耐腐蚀、耐磨损、韧性好，以及良好的生物亲合力等优良特性，钛制餐具既实用又可收藏，是馈赠亲友、居家使用之佳品，长久以来受到各界人士的高度青睐。

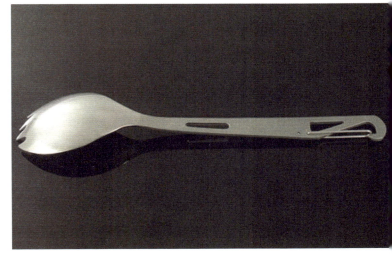

一般说来，铁制餐具无毒性。但铁器易生锈，而铁锈可引起恶心、呕吐、腹泻、心烦、食欲不佳等疾病。另外，不宜用铁制容器盛食用油，因为油类在铁器中存放时间太久易氧化变质。同时最好不要用铁制容器煮富含鞣质的食物与饮料，如果汁、红糖制品、茶、咖啡等。

铝制餐具：无毒轻巧耐用，物美价廉，但铝在人体内积累过多，有加速衰老的作用，对人的记忆力也有一定的不良影响。铝制餐具不宜烧煮酸性和碱性食物，也不宜用来久存饭菜和长期盛放含盐食物。铁、铝餐具不宜搭配使用，由于铝和铁是两种化学活性不同的金属，当有水存在时，铝和铁就能形成一个化学电池，其结果是使更多的铝离子进入食物，会给人体健康带来更大的危害。

玻璃餐具：清洁卫生，一般不含有毒物质。但玻璃餐具易碎有时也会"发霉"。这是因为玻璃长期受水的侵蚀，会生成对人体健康有害的物质，要经常用碱性洗涤剂洗除。

不锈钢餐具：美观大方、轻便好用、耐腐蚀不生锈，颇受人们青睐。不锈钢是由铁铬合金掺入镍、钼等金属制成，这些金属中有的对人体有害，因此使用时应注意，不要长时间盛放盐、酱油、醋等，因为这些食物中的电解质与不锈钢长期接触会发生反应，使有害物质被溶解出来。

密胺餐具：又称仿瓷餐具、美耐皿，由密胺树脂粉加热加压铸模而成，一种以树脂为原料加工制作的外观类似于瓷的餐具，比瓷坚实，不易碎，而且色泽鲜艳，光洁度强。安全卫生，无毒无味，被广泛应用于快餐业及儿童饮食业等。

情侣餐具：顾名思义就是成双成对的餐具，专属情侣的餐具，它抓住了现代情侣之间给予寻求见证的想法，并由此设计创造出的既实用又美观、更独特地表达爱情的餐具。

一次性餐具：是由塑料、高发泡材料、淋膜纸张等制作的使用一次就废弃的餐具。

• 餐具 "个性"

随着社会的进步和发展，人们越来越重视自己的生活环境系统化这一观念。首先，在居室设计上，经过统一的设计，使各类生活用具彼此密切联系，达成一种默契。风格统一的家具，墙壁地面的装饰、织物、灯具及整体色调等相互映衬，而且越来越多的人把目光投向了更加细微的地方，比如说，选择一套适合自己家居氛围的餐具，餐具的风格要和餐厅的设计相得益彰；更要衬托主人的身份、地位、职业、兴趣爱好、审美品位及生活习惯。一套形式美观且工艺考究的餐具还可以调节人们进餐时的心情，增加食欲。

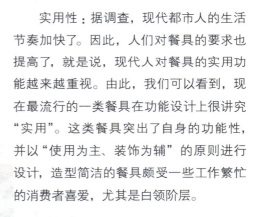

实用性：据调查，现代都市人的生活节奏加快了。因此，人们对餐具的要求也提高了，就是说，现代人对餐具的实用功能越来越重视。由此，我们可以看到，现在最流行的一类餐具在功能设计上很讲究"实用"。这类餐具突出了自身的功能性，并以"使用为主、装饰为辅"的原则进行设计，造型简洁的餐具颇受一些工作繁忙的消费者喜爱，尤其是白领阶层。

国际上流行的餐具造型设计趋向"简约主义"，具体说来，有如下几个特点，这对越来越重视生活品质和情趣的您来说，或许会有一些帮助。

易明性：综合考虑产品、操作模式和材料使用这三个方面，使整套餐具能和使用者之间建立起一种心灵上的交流，餐具有不锈钢和塑料两种材质，您在使用时会有很舒适的手感，同时，手柄的鲜艳颜色也比较迎合时尚追求者的消费心理。

家庭性：这类餐具，在颜色设计上很有特点，能与不同色调的家居环境相适应，年轻的夫妇可以选购一套色彩明快的餐具，它可以给您的生活增添一份温馨和浪漫。

个性化：人们对生活情趣的追求更趋多样化、个性化，因此，能够满足所有人需要的餐具是不存在的，不同消费者需要不同风格的产品，一些餐具设计、造型独特，颇有些另类的味道，颜色对比强烈，很有时代感，很适合追求个性的青年人使用。

 巧除餐具异味

牛奶去味法：先用洗洁剂清洗干净，然后往餐具中倒入两汤钥匙鲜牛奶，盖上盖子，摇晃，使杯中每一个角落跟牛奶接触，约1分钟，最后倒掉牛奶，将餐具清洗干净。

橘子皮去味法：先用洗洁剂清洗干净，然后将新鲜橘子皮放入中，盖上盖子，放约3到4个小时刷干净即可。

用废茶叶除味：餐具里有腥味，先用废茶叶擦洗，再用清水冲净，腥味即除。

用盐水泡30分钟：如果以上方法都不能去除餐具的异味，而且冲入热水使餐具散发强烈的刺激性气味，就考虑不要用这个餐具喝水了，可能餐具的塑料材质不好，用它喝水说不定会有害健康的，还是放弃它再换个餐具比较保险。

礼仪规范——西餐餐具 >

　　西式餐具也可以称之为西方餐具，指起源于古希腊、古罗马文明，在欧美国家广泛使用的餐具。根据每个国家的习惯它主要包括餐刀、餐叉、餐勺、沙拉叉和茶勺，这是基本的用具，如果是许多人一起吃饭，还会有分菜勺和分菜漏勺等一些稍微大一点的餐具。

手的延伸 >

西餐餐具中无论是刀子、叉子、汤匙还是盘子，都是手的延伸。例如盘子，它是整个手掌的扩大和延伸；而叉子则更是代表了整个手上的手指。由于文明进步，这许多形似的餐具逐步合并简单化，例如，在中国最后就只剩下筷子和汤匙。有时还有小碟子。而在西方，到现在为止，在进餐时仍然摆了满桌的餐具，例如大盘子、小盘子、浅碟、深碟、吃沙拉用的叉子、叉肉用的叉子、喝汤用的汤匙、吃甜点用的汤匙等。说明在饮食文化上，西方不仅起步较晚，进展也十分迟缓。

大约在13世纪以前，欧洲人在吃东西时还都全用手指头。在使用手指头进食时，还有一定的规矩：罗马人以用手指头的多寡来区分身份，平民是五指齐下，有教养的贵族只用三个手指，无名指和小指是不能沾到食物的。这一进餐规则一直延续到16世纪，仍为欧洲人所奉行。

12 世纪，英格兰的坎特伯爵大主教把叉子介绍给盎格鲁一撒克逊王国的人民，据说，当时贵族们并不喜欢用叉子进餐，但却常常把叉子拿在手里，当作决斗的武器。对于 14 世纪的盎格鲁一撒克逊人来说，叉子仍只是舶来品，像爱德华一世就有 7 把用金银打造成的叉子。当时的大部分欧洲人都喜欢用刀把食物切成块，然后用手指头抓住放进嘴里；如果一个男人用叉子进食，那就表示，如果他不是个挑剔鬼，便是一个"娘娘腔"。

• 叉子

进食用的叉子最早出现在 11 世纪的意大利塔斯卡尼地区，只有两个叉齿。当时的神职人员对叉子并无好评，他们认为人类只能用手去碰触上帝所赐予的食物。有钱的塔斯卡尼人创造餐具是受到撒旦的诱惑，是一种亵渎神灵的行为。意大利史料记载：一个威尼斯贵妇人在用叉子进餐后，数日内死去，其实很可能是感染瘟疫而死去；而神职人员则说，她是遭到天谴，警告大家不要用叉子吃东西。餐叉在英国出现却只是三四百年前的事。当餐叉刚传入英国时，曾遭到传教士们的反对。他们认为肉和其他食物都是上帝为造福人类而恩赐的，避免用手指接触食物，是对上帝的傲慢无礼和侮辱。

18 世纪法国因革命战争爆发，由于法国的贵族偏爱用 4 个叉齿的叉子进餐，这种"叉子的使用者"的隐含寓意，几乎可以和"与众不同"的意义画上等号。于是叉子变成了地位、奢侈、讲究的象征，随后逐渐变成必备的餐具。当时的餐具都是贵族定做的，因此相当的精美。很多贵族外出时也随身带着自己的餐具，既显得卫生、讲究，又能将自己喜爱的餐具显摆给四方友人。现在的餐具由于是流水线作业，因此相对来说简单得多了。

• 餐刀

西方餐具中至今仍保留了刀子，其原因是许多食物在烹调时都切成大块，而在吃的时候再由享用者根据个人的意愿，把它分切成大小不同的小块。这一点与东方人特别是中国人在烹调开始前，将食物切成小块的肉丝、肉片等然后再进行加工的方法不同，也许这便是西方烹调技术一直落后于东方特别是中国的重要原因之一。

餐刀很早便在人类的生活中占有重要地位。在 15 亿年前，人类的祖先就开始用石刀作为工具，刀子挂在他们的腰上，一会儿用来割烤肉，一会儿用来御敌防身；只有有地位、身份的头领们，才能有多种不同用途的刀子。

法国皇帝路易十三在位期间（公元1610 年—公元 1643 年），深谙政治谋略的黎塞留大公，不仅在使法国跻身于欧洲的主要强国之列做出了贡献，即便是对于一般生活细节，这位枢机主教也很注意。当时餐刀的顶部并不是我们今天所熟悉的那样呈椭圆形状，而是具有锋利的刀尖。很多法国的官僚政要在用餐之余，把餐刀当牙签使用，用它来剔牙。黎塞留大公因而命令家中的仆人把餐刀的刀尖磨成椭圆形，不准客人当着他的面用餐刀剔牙，影响所及，法国也吹起了一阵将餐刀刀尖磨钝的旋风。

刀子的历史比叉要长得多，在古代的餐具中也主要是以刀子为主。

• 汤匙

　　汤匙的历史更是源远流长。早在旧石器时代，亚洲地区就出现过汤匙。古埃及的墓穴中曾经发现过木、石、象牙、金等材料制成的汤匙。希腊和罗马的贵族则使用铜、银制成的汤匙。15世纪的意大利，在为孩童举行洗礼时，最流行的礼物便是送洗礼汤匙，也就是把孩子的守护天使做成汤匙的柄，送给接受洗礼的儿童。

时弄脏了衣服，便常会让人整餐都吃得很不愉快。公元1680年，意大利已有26种餐巾的折法，如教士僧侣的诺亚方舟形，贵妇人用的母鸡形，以及一般人喜欢用的小鸡、鲤鱼、乌龟、公牛、熊、兔子等形状，令人眼花缭乱。

　　锻造机发明以前的餐具以平板居多，现在才发展到各种更加美观的曲线型。

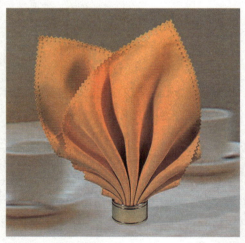

• 餐巾

　　希腊和罗马人一直保持用手指进食的习惯，所以在用餐完毕后用一条毛巾大小的餐巾来擦手。更讲究一点的则在擦完手之后捧出洗指钵来洗手，洗指钵里除了盛着水之外，还飘浮着点点玫瑰的花瓣；埃及人则在钵里放上杏仁、肉桂和橘花。将餐巾放在胸前，其目的是为了不把衣服弄脏，西餐中常有先喝汤的习惯，一旦喝汤

• 使用规则

一般餐具摆设（午宴、晚宴均适用）：奶油碟子和奶油刀、甜点匙、饮料杯、沙拉盘、餐巾、主菜叉子、沙拉叉子、主菜盘、主菜刀子、汤匙、茶（咖啡）杯、碟和茶匙。

家庭式宴会餐具摆法：叉子放在主菜盘左侧，刀子、汤匙摆在右侧；刀叉和汤匙依使用的先后顺序排列。最先用的放在离主菜盘最远的外侧，后用的放在离主菜盘近内侧。假如主人决定先上主菜再上沙拉，就要把主菜叉子放在沙拉叉子的外侧；沙拉盘放在靠主菜盘的左边。美国人通常把主菜和沙拉一起送上桌来，而不像法国人一样，主菜吃完以后才上沙拉；还有餐具的种类和数量，因餐会的正式程度而定。

越正式的餐会，刀叉盘碟摆得越多。

刀叉的使用：吃西餐时右手拿刀，左手拿叉。使用刀叉时，左手用叉用力固定食物，同时移动右手的刀切割食物。用餐中暂时离开，要把刀叉呈八字形摆放，尽量将柄放入餐盘内，刀口向内；用餐结束

或不想吃了，刀口向内、叉齿向上，刀右叉左地并排纵放，或者刀上叉下地并排横放在餐盘里。刀是用来切食物的，不要直接用刀叉起食物送入口中，也不要用刀叉同时将食物送入口中；刀上沾上酱料不可舔食；用餐刀切割食物时不要在餐盘上划出声音。

97

餐巾的使用：将餐巾平铺于大腿上，可以防止进餐时掉落下来的菜肴、汤汁弄脏自己的衣服。在用餐期间与人交谈之前，先用餐巾轻轻地揩一下嘴；女士进餐前，可用餐巾轻抹口部，除去唇膏。在进餐时如需剔牙，应拿起餐巾挡住口部。

餐匙的使用：用来饮汤、吃甜品，不可直接舀取其他任何主食、菜肴和饮料。餐匙入口时，以其前端入口，不能将它全部塞进嘴里。

• 餐具的语言

在吃西餐的时候大多数情况下你不需要多费口舌的，在桌子上进餐时的一举一动就告诉服务人员你的意图，受过训练的服务员会按照你的愿望去为你服务，去满足你的要求，这就是"刀叉语言"。

继续用餐：把刀叉分开放，大约呈三角形，那么示意你要继续用餐，服务员不会把你的盘收走。

用餐结束：而当你把餐具放在盘的边上，即便你盘里还有东西，服务员也认为你已经用完餐了，会在适当时候把盘子收走。

请再给我添加饭菜：盘子已空，但你还想用餐，把刀叉分开放，大约呈八字形，那么服务员会再给你添加饭菜。注意：只有在准许添加饭菜的宴会上或在食用有可能添加的那道菜时才适用。如果每道菜只有一盘的话，你没有必要把餐具放成这个样子。

我已用好餐：盘子已空，你也不再想用餐时，把刀叉平行斜着放好，那么服务员会在适当时候把你的盘子收走。

"杯具"趣说

　　杯具原指盛水的器具，后因与"悲剧"一词谐音，成为继"打酱油""俯卧撑""寂寞"之后又一横行互联网的王道词汇。不少年轻人在网络上甚至生活中都常常用"杯具"来代替"悲剧"，形容人、事、物。

　　语义："杯具"主观地表示不如意、不顺心或者失败，或者是委婉地对别人表示某方面的不满，主要靠意会。一般戏谑的味道比较强。用法：在使用的时候一般可有形容词或名词的双重词义。用作动词时，比如"楼主你杯具了"用作名词时，比如"坐看杯具的诞生"。

　　应用："杯具"＋"餐具"＋"洗具"＝"食具"（"悲剧"＋"惨剧"＋"喜剧"＝"尸具"）

　　一个人如果经历了这些就死翘翘了。

调出来的好滋味

百味之祖——盐 〉

　　盐是人们日常生活中不可缺少的食品之一，每人每天需要6~10克盐才能保持人体心脏的正常活动、维持正常的渗透压及体内酸碱的平衡，同时盐是咸味的载体，是调味品中用得最多的，号称"百味之祖(王)"。放盐不仅增加菜肴的滋味，还能促进胃消化液的分泌，增进食欲。

　　我国盐的资源很丰富，产盐区遍及全国，产量也很大，不仅能充分满足国内人民生活的需要，而且还可以出口。我国所产的食盐主要有海盐、井盐、池盐、矿盐等。

厨房的秘密

食盐按加工程度的不同，又可分为原盐(粗盐)、洗涤盐、再制盐(精盐)。原盐是从海水、盐井水直接制得的食盐晶体，除氯化钠外，还含有氯化钾、氯化镁、硫酸钙、硫酸钠等杂质和一定量的水分，所以有苦味；洗涤盐是以原盐(主要是海盐)用饱和盐水洗涤的产品；把原盐溶解，制成饱和溶液，经除杂处理后，再蒸发，这样制得的食盐即为再制盐，再制盐的杂质少，质量较高，晶粒呈粉状，色泽洁白，多作为饮食业烹调之用；另外，还有人工加碘的再制盐，为一些缺碘的地方作饮食之用。

营养分析：食盐调味，能解腻提鲜，祛除腥膻之味，使食物保持原料的本味；盐水有杀菌、保鲜防腐作用；用来清洗创伤可以防止感染；撒在食物上可以短期保鲜，用来腌制食物还能防变质；用盐调水能清除皮肤表面的角质和污垢，使皮肤呈现出一种鲜嫩、透明的靓丽之感，可以促进全身皮肤的新陈代谢，防治某些皮肤病，起到较好的自我保健作用。

盐储存时应阴凉避光密闭；若长期过量食用食盐容易导致高血压、动脉硬化、心肌梗死、中风、肾脏病和白内障的发生；虽然多吃盐有碍健康，饮食宜清淡，但并不是吃盐越少越好；盐除了食用之外，还可以作防腐剂，利用盐很强的渗透力和杀菌作用保藏食物；盐在工业上用途也很广，是重要的工业原料。

做法指导：由于现在的食盐中都添加了碘或锌、硒等营养元素，烹饪时宜在菜肴即将出锅前加入，以免这些营养元素受热蒸发掉；制作鸡、鱼一类的菜肴应少加盐，因为它们富含具有鲜味的谷氨酸钠，本身就会有些咸味。烹调前加盐：即在原料加热前加盐，目的是使原料有一个基本咸味，并有收缩，在使用炸、爆、滑炒等烹调方法时，都可结合上浆、挂糊，并加入一些盐，因为这类烹调方法的主料被包裹在一层浆糊中，味不得入，

用盐要少，距离烹调时间要短。烹调中加盐：这是最主要的加盐方法，在运用炒、烧、煮、焖、煨、滑等技法烹调时，都要在烹调中加盐，而后是在菜肴快要成熟时加盐，减少盐对菜肴的渗透压，保持菜肴嫩松，养分不流失。烹调后加盐：即加热完成以后加盐，以炸为主烹制的菜肴即此类，炸好后撒上花椒盐等调料。

所以必须在烹前加盐；另外有些菜在烹调过程中无法加盐，如荷叶粉蒸肉等，也必须在蒸前加盐，烧鱼时为使鱼肉不碎，也要先用盐或酱油擦一下，但这种加盐法

鲜从中来 >

• 味精

味精是烹调中常用的鲜味调味品，有固体味精和液体味精两种。液体味精是未经炼成颗粒的味精原液，饮食业中以用固体味精为常见。味精的化学名称叫谷氨酸钠，由大豆、小麦面粉及其他含蛋白较高的物质，经由淀粉发酵法制成，除含有谷氨酸钠外还含有少量的食盐，以含谷氨酸钠的多少 (90%、95%、90%、80%)，分成各种规格。全国各地均有生产。

• 营养分析

味精对人体没有直接的营养价值，但它能增加食品的鲜味，引起人们食欲，有助于提高人体对食物的消化率；味精中的主要成分谷氨酸钠还具有治疗慢性肝炎、肝昏迷、神经衰弱、癫痫病、胃酸缺乏等病的作用。

• 味精鉴别

1.取少量味精放在舌尖上，若舌感冰凉，且味道鲜美并有鱼腥味的，为合格品；若尝后有苦咸味而无鱼腥味，说明这种味精掺入了食盐；倘若尝后有冷滑、黏糊之感，并难于溶化，就是掺进了石膏或木薯淀粉。

2.味精呈白色结晶状、粉状均匀；假味精色泽异样，粉状不均匀。

3.味精手感柔软，无颗粒感；假味精摸上去粗糙，有明显的颗粒感。

4.味精溶液透明无色，无泡沫，无杂质。

孕妇及婴幼儿不宜吃味精，因为味精可能会引起胎儿缺陷；老人和儿童也不宜多食；患有高血压的人如果食用味精过多，会使血压更高。所以，高血压患者不但要限制食盐的摄入量，而且还要严格控制味精的摄入。

• 做法指导

1. 对用高汤烹制的菜肴，不必使用味精，因为高汤本身已具有鲜、香、清的特点，味精则只有一种鲜味，而它的鲜味和高汤的鲜味也不能等同，如使用味精，会将本味掩盖，致使菜肴口味不伦不类。

2. 对酸性菜肴，如：糖醋、醋熘、醋椒菜类等，不宜使用味精，因为味精在酸性物质中不易溶解，酸性越大溶解度越低，鲜味的效果越差。

3. 拌凉菜使用晶体味精时，应先用少量热水化开，然后再浇到凉菜上，效

果较好，因味精在45℃时才能发挥作用，如果用晶体直接拌凉菜，不易拌均匀，影响味精的提鲜作用。

4. 做菜使用味精，应在起锅时加入，因为在高温下，味精会分解为焦谷氨酸钠，即脱水谷氨酸钠，不但没有鲜味，而且还会产生轻微的毒素，危害人体。

5. 味精使用时应掌握好用量，并不是多多益善，它的水稀释度是3000倍，人对味精的味觉感为0.033%，在使用时，以1500倍左右为适宜，如投放量过多，会使菜中产生似涩非涩的怪味，造成相反的效果。

6. 味精在常温下不易溶解，在70~90℃时溶解最好，鲜味最足，超

过100℃时味精就被水蒸气挥发，超过130℃时，即变质为焦谷氨酸钠，不但没有鲜味，还会产生毒性，对炖、烧、煮、熬、蒸的菜，不宜过早放味精，要在将出锅时放入。

7. 在含有碱性的原料中不宜使用味精，回味精遇碱会化合成谷氨酸二钠，会产生氨水臭味。

• 十三香

　　"十三香"就是指 13 种各具特色香味的中草药物，包括紫蔻、砂仁、肉蔻、肉桂、丁香、花椒、大料、小茴香、木香、白芷、沙姜、良姜、干姜等。属调味料，厨房用品。

　　"十三香"的配比，一般应为：花椒、大料各 5 份，肉桂、沙姜、陈皮、良姜、白芷各 2 份，其余各 1 份，然后把它们合在一起，就是"十三香"。分开使用也可，如茴香气味浓烈，用于制作素菜及豆制品最好；做牛、羊肉用白芷，可去除膻气增加鲜味，使肉质细嫩；熏肉、煮肠用肉桂，可使肉、肠香味浓郁，久食不腻；余汤用陈皮和木香，可使气味淡雅而清香；做鱼用三奈和生姜，既能解除鱼腥，又可使鱼酥嫩相宜，香气横溢；熏制鸡、鸭、鹅肉，用肉蔻和丁香，可使熏味独特，嚼时鲜香盈口，满室芬芳。

　　制作"十三香"时原料必须充分晒干或烘干，粉碎过筛，而且越细越好。每种原料应该单独粉碎，分别存放，最好将其装在无毒无异味的食用塑料袋内，以防香料"回潮"或走味儿。使用时并非用量越多越好，一定要适量，因为桂皮、丁香、茴香、生姜以及胡椒等料，它们虽然属于天然调味品，但如果用量过度，同样具有一定的副作用乃至毒性和诱变性，所以使用时应以"宁少勿多"为宜。

• **十三香调料各种成分的性味及营养价值**

　　1. 八角：性辛温、理气止痛，温中散寒，是菜肴中必不可少的调味品。

　　2. 丁香：辛温、香气浓烈，温肾助阳，温中止吐。

　　3. 沙姜：辛、苦温，温中散寒、理气止痛，少用。

　　4. 山楂：性酸，消食化积、散淤行滞，对高血压、高血脂有明显的降低作用，一般以温煮为好，当茶饮也有良好的收效。

　　5. 小茴：辛温、理气和胃，祛寒止痛，是烧鱼的常用调料。

　　6. 木香：有广木香、云木香两种，行气止痛，气味浓香，但配料时少月。

山楂

7. 甘松：辛、甘、温，近似香草药理，解食欲不振、气郁胸闷，常用作卤盐水鹅。

8. 甘草：甘、平、补中益气，泻火解毒，润肺祛痰，缓解药性，必备之药。

9. 干姜：分南姜和北姜，辛、温、发汗解表，温中止呕，化痰温肾散寒，是家庭伤风感冒、胃不好的必备之品。

10. 白芷：发汗解表，祛风止痛，有抗菌作用，是龙虾调料必用之品。

11. 豆蔻：气味辛、温、浓烈，化温和胃，产在印尼、马来西亚，是烧、卤、腌制菜肴的上好材料，龙虾调料必用之品。

12. 当归：甘辛温，补血活气，止痛，一般与母鸡同煮，可起到滋补的作用。

甘草

阳春砂

13. 肉桂：平常所说的桂皮，三年生，产于广西，温肾助阳，温通经脉。

14. 肉蔻：辛温气浓香，涩肠止泻、温中行气，产于东南亚，是香料中的调味佳品。

15. 花椒：四川产青椒为最佳，陕西产红花椒次之，山东与内地产再次之，温中散寒，止泻温脾，是家庭菜肴中的必用之品。

16. 孜然：原产于新疆，现大部分都是甘肃孜然，是新疆烤羊肉串常用调料，清香型。

17. 香叶：香气浓郁，有较强的防腐作用。

18. 辛庚：辛温、通鼻窍，我国各地都有。别名木笼花、望春花、通春花，是卤菜烤肉的好材料。

19. 胡椒：辛温、热、温中散寒，增进食欲，助消化。我国海南岛产白胡椒，广东、广西部分地方产黑胡椒，大量的黑胡椒从越南进口，是家庭必备的调味品。

20. 阳春砂：辛温，是腌制卤菜的佳品，价格昂贵。

107

烹调用油四不宜

1. 炒菜油锅不宜烧得过热：在高易下炒菜，油脂气化迅速，所产生的过氧化物是一种能加速人体衰老的有害物质，对胃黏膜有不良刺激作用，易诱发胃炎或胃溃疡。油在高温下会产生丙烯醛气体，这种气体进入人的呼吸道会使喉头疼痛，这种气体还会刺激眼睛，使之发涩。

2. 不宜用生豆油伴饺子馅：因为用浸取法生产的豆油（包括其他植物油）中残留少量的苯及多环芳烃等有害物，经加热后这些有害物能够从豆油中挥发出去，一般要加热到200℃时生豆油中的有害物质才会挥发掉。

3. 炒菜时不宜后放盐：食用油容易被黄曲霉菌污染。用食用油炒菜时，油热先放盐，可消除黄曲霉菌95%左右，放盐0.5~1分钟之后，再完成炒菜的其他操作。

4. 心脏病患者不宜食用菜子油：现代医学认为心脏病患者食用菜子油对健康不利，因为菜子油中含有芥酸（一种长链脂肪酸），会使"血管壁增厚、心肌脂肪沉积"，导致心脏病加重。但是，芥酸对身体健康状况正常的人没有不良影响。

无辣不欢 〉

• 辣椒

辣椒，又叫番椒、海椒、辣子、辣角、秦椒等，是一种茄科辣椒属植物。辣椒属为一年或多年生草本植物。果实通常呈圆锥形或长圆形，未成熟时呈绿色，成熟后变成鲜红色、黄色或紫色，以红色最为常见。辣椒的果实因果皮含有辣椒素而有辣味。能增进食欲。辣椒中维生素 C 的含量在蔬菜中居第一位。

辣椒原产于中拉丁美洲热带地区，原产国是墨西哥。15 世纪末，哥伦布发现美洲之后把辣椒带回欧洲，并由此传播到世界其他地方，于明代传入中国。清陈淏子之《花镜》有番椒的记载。今中国各地普遍栽培，成为一种大众化蔬菜。辣椒为一年或多年生草本植物，叶子卵状披针形，花白色。果实大多像毛笔的笔尖，也有灯笼形、心脏形等。果实未熟时呈绿色，成熟后变为红色或黄色。一般有辣味，供食用和药用。

一般所称的"辣椒"，是指这种植物的果实。别名又有红海椒、大椒、辣虎、广椒、川椒。最辣的是印度魔鬼椒。辣椒以果实、根和茎枝入药。6–7月果红时采收，晒干。

厨房的秘密

全世界有 2000 多种辣椒，到底哪种最辣，人们争论不休。其实，早在 1912 年，美国制药师斯科维尔就发明了测定辣度的方法。辣度数值越高，辣椒就越辣。我国一些名牌辣椒的辣度如下：四川海天椒、黄金椒 10.6 万，贵州七星椒 6.0 万，湖南小米椒 3.0 万，云南朝天椒 2.25 万，陕西线椒 1.5 万。

• 辣椒粉

辣椒粉是红色或红黄色，油润而均匀的粉末，是由红辣椒，黄辣椒，辣椒籽及部分辣椒杆碾细而成的混合物，具有辣椒固有的辣香味，闻之刺鼻打喷嚏。

• 营养分析

1. 解热镇痛：辣椒辛温，能够通过发汗而降低体温，并缓解肌肉疼痛，因此具有较强的解热镇痛作用。

2. 预防癌变：辣椒的有效成分辣椒素是一种抗氧化物质，它可阻止有关细胞的新陈代谢，从而终止细胞组织的癌变过程，降低癌症细胞的发生率。

3. 增加食欲、帮助消化：辣椒强烈的香辣味能刺激唾液和胃液的分泌，增加食欲，促进肠道蠕动，帮助消化。

4. 降脂减肥：辣椒所含的辣椒素，能够促进脂肪的新陈代谢，防止体内脂肪积存，有利于降脂减肥防病。

• 做法指导

单独用少许辣椒煎汤内服，可治因受寒引起的胃口不好、腹胀腹痛；用辣椒和生姜熬汤喝，又能治疗风寒感冒；对于兼有消化不良的病人，尤为适宜。

• 芥末

芥末是芥末菜的成熟种子碾磨成的一种粉状辣味调料。原产于我国，历史悠久，从周代起就已开始在宫廷食用。芥末微苦，辛辣芳香，味道十分独特，可用作泡菜、腌渍生肉或拌沙拉时的调味品，亦可与生抽一起使用，充当生鱼片的美味调料。芥末粉润湿后有香气喷出，具有催泪性的强烈刺激性辣味，对味觉、嗅觉均有刺激作用。

做绿芥末的原料是一种生长在山上的植物山葵，它的根和茎可以用来制作芥末粉；黄色芥末的原材料是辛辣的芥末菜，其叶子专用来做芥末粉、芥末浆。

• 营养分析

1. 芥末的主要辣味成分是芥子油，其辣味强烈，可刺激唾液和胃液的分泌，有开胃的作用，能增强食欲。

2. 芥末有很强的解毒功能，能解鱼蟹之毒，故生食三文鱼等海鲜食品经常会配上芥末。

3. 芥末呛鼻的主要成分是异硫氰酸盐，这种成分不但可以预防蛀牙，对预防癌症，防止血管凝块，治疗气喘等也有一定效果。

4. 芥末还有预防高血脂、高血压、心脏病、减少血液黏稠度等功效；

5. 芥末油有美容养颜的功效，在美体界，芥末油是很好的按摩油。

芥末不宜长期存放；中国人吃的芥末大部分都是绿色的，在日本，除了这种普通的绿芥末以外，还有一种黄色的芥末，二者的功用有所不同。一般来说，绿色芥末的口感比较辣，用来吃生鱼片；黄色芥末则口感柔和，因此用途广泛，煮菜、炖菜都可以放一点，就连吃炒面和肉包子，有些人也要抹上黄芥末。

• 芥末调辣妙法

芥末用水调匀（不能太稀），放到火上去烤，然后再盛放到蒸锅内稍蒸一下辣味即可出来；用滚开水冲入芥末调和拌匀，然后加盖，放于阴凉处几小时，也可出辣味；在芥末中酌量添加些糖或食醋，能缓冲辣味，且风味更佳。

酱中肉味——酱油 〉

酱油俗称豉油，主要由大豆、淀粉、小麦、食盐经过制油、发酵等程序酿制而成的。酱油的成分比较复杂，除食盐的成分外，还有多种氨基酸、糖类、有机酸、色素及香料成分。以咸味为主，亦有鲜味、香味等。它能增加和改善菜肴的口味，还能增添或改变菜肴的色泽。我国人民在数千年前就已经掌握酿制工艺了。酱油一般有老抽和生抽两种：老抽较咸，用于提色；生抽用于提鲜。

• 营养分析

1. 烹调食品时加入一定量的酱油，可增加食物的香味，并可使其色泽更加好看，从而增进食欲。

2. 酱油的主要原料是大豆，大豆及其制品因富含硒等矿物质而有防癌的效果。

3. 酱油含有多种维生素和矿物质，可降低人体胆固醇，降低心血管疾病的发病率，并能减少自由基对人体的损害。

4. 酱油可用于水、火烫伤和蜂、蚊等虫的蜇伤，并能止痒消肿。

优质酱油呈红褐色或棕色，鲜艳、有光泽；滋味鲜美，咸甜适口，味醇厚柔和，没有苦、涩、酸等不良异味和霉味，带有浓厚的酱香；优质酱油浓度较高（无盐固形物含量高）其黏稠性较大，因此流动稍慢；服用治疗血管疾病、胃肠道疾病的药物时，应禁止食用酱油烹制的菜肴，以免引起恶心、呕吐等副作用；酱油是很容易发生霉变的，因此夏季要注意密闭低温保存。

• 做法指导

要食用"酿造"酱油，而不要吃"配制"酱油；"餐桌酱油"拌凉菜用，"烹调酱油"未经加热不宜直接食用；酱油应在菜肴将要出锅时加入，不宜长时间加热。

米之芳香——醋

醋是一种发酵的酸味液态调味品，以含淀粉类的粮食(高粱、黄米、糯米、籼米等)为主料，谷糠、稻皮等为辅料，经过发酵酿造而成。醋在烹调中为主要的调味品之一，以酸味为主，且有芳香味，用途较广，是糖醋味的主要原料。它能去腥解腻，增加鲜味和香味，能在食物加热过程中使维生素C减少损失，还可使烹饪原料中钙质溶解而利于人体吸收。比较著名的品种有江苏镇江的香醋和山西的老陈醋等，常用于溜菜、拌菜及腥味较重的菜肴中。

食醋因原料和制作方法的不同，可分为发酵醋和人工合成醋两种，其品种主要有米醋、熏醋、白醋等。米醋主要原料为高粱、黄米、麸皮、米糠、盐，经醋曲发酵后制成，呈浅棕色，香味浓郁，质量较好，适合于蘸食和炒菜；熏醋原料除无黄米外，基本与米醋原料相同，发酵后略加花椒、桂皮等熏制而成，颜色较深，以存放时间长者为好，适合于蘸食和炒菜；白醋(又称醋精)为冰醋酸加水稀释而成，醋酸的含量高于米醋等，酸味大，无香味。浓醋酸有一定的腐蚀作用，使用时应根据需要稀释和控制用量。

烹调菜肴时加点醋，不仅使菜肴脆嫩可口，祛除腥膻味，还能保护其中的营养素。但是正在服用某些药物如：磺胺类药、碱性药、抗生素、解表发汗的中药的人不宜食醋。

113

• 营养分析

1. 醋可以开胃，促进唾液和胃液的分泌，帮助消化吸收，使食欲旺盛，消食化积。

2. 醋有很好的抑菌和杀菌作用，能有效预防肠道疾病、流行性感冒和呼吸疾病。

3. 醋可软化血管、降低胆固醇，是高血压等心脑血管病人的一剂良方。

4. 醋对皮肤、头发能起到很好的保护作用，中国古代医学就有用醋入药的记载，认为它有生发、美容、降压、减肥的功效。

5. 醋可以消除疲劳，促进睡眠，并能减轻晕车、晕船的不适症状。

6. 醋还能减少胃肠道和血液中的酒精浓度，起到醒酒的作用。

7. 醋还有使鸡骨、鱼翅软化，促进钙吸收的作用。

• 选购技巧

优质醋颜色呈棕红或褐色（白醋为无色澄清液体）、澄清、无悬浮物和沉淀物，

质量差的醋颜色偏深或偏浅，混浊，存入一段时间有沉淀物；优质醋带有浓郁的醋香，质量差的醋味较淡；用筷子蘸一点醋入口中，酸度适中，微带甜味，入喉不刺激的是优质醋。

• 做法指导

吃饺子蘸醋或食用醋较多的菜肴后应及时漱口以保护牙齿；做菜时，加醋的最佳时间是在两头，即原料入锅后马上加醋及菜肴临出锅前加醋，第一次应多些，第二次应少些；醋可以用于需要去腥解腻的原料，如烹制水产品或肚、肠、心等，可消除腥臭和异味，对一些腥臭较重的原料还可以提前用醋浸渍；醋用于烹制带骨的原料，如排骨、鱼类等，可使骨刺软化，促进骨中的矿物质如钙、磷溶出，增加营养成分。

独一无二 〉

• 姜汁

将鲜姜用刀削去外皮，切为薄片，再切成小细丝，然后剁成末放入干净的容器中，加入醋、精盐、味精、香油，调拌均匀而成。

• 营养分析

1. 生姜具有解毒杀菌的作用，所以日常我们在吃松花蛋或鱼蟹等水产时，通常会放上一些姜末、姜汁。

2. 生姜中的姜辣素能抗衰老，老年人常吃生姜可除"老年斑"。

3. 生姜的提取物能刺激胃黏膜，引起血管运动中枢及交感神经的反射性兴奋，促进血液循环，振奋胃功能，达到健胃、止痛、发汗、解热的作用。

4. 姜的挥发油能增强胃液的分泌和肠壁的蠕动，从而帮助消化。

5. 生姜中分离出来的姜烯、姜酮的混合物有明显的止呕吐作用。

6. 生姜提取液具有显著抑制皮肤真菌和杀灭阴道滴虫的功效，可治疗各种痈肿疮毒。

7. 生姜还有抑制癌细胞活性的作用。

• 食疗作用

生姜汁味辛、性温，入肺、胃、脾经；有散寒，止呕的功效；《食疗本草》说它"止逆，散烦闷，开胃气"。《本草拾遗》记载生姜"汁解毒药，破血调中，去冷除痰，开胃"。《本草从新》指出"姜汁，开痰，治噎膈反胃"。

• 做法指导

做甜酸汤时兑姜汁，有特殊的甜酸味；冷冻肉加热前用姜汁浸渍，可使肉返鲜；鲜姜汁可以用于腌拌菠菜、扁豆、松花蛋以及清蒸鱼、清蒸螃蟹的蘸食。

• 葱汁

葱汁即葱涕，功同葱白。古方多用葱涎丸药，亦取其通散上焦风气也。

• **营养分析**

1. 葱含有刺激性气味的挥发油，能祛除腥膻等油腻厚味菜肴中的异味、产生特殊香气，可以刺激消化液的分泌，增进食欲。

2. 它还含有前列腺素 A，有舒张小血管、促进血液循环的功效，有助于防止血压升高所致的头晕，有使大脑保持灵活和预防老年痴呆的作用。

3. 经常吃葱的人，即便脂多体胖，但胆固醇并不增高，而且体质强壮。

4. 葱含有微量元素硒，并可降低胃液内的亚硝酸盐含量，对预防胃癌及多种癌症有一定作用；

5. 葱中的挥发性辣素有较强的杀菌作用，它通过汗腺、呼吸道、泌尿系统排出时能轻微刺激相关腺体的分泌，而起到发汗、祛痰、利尿作用。

葱对汗腺刺激作用较强，有腋臭的人在夏季应慎食；多汗的人应忌食；过多食用会损伤视力；患有胃肠道疾病特别是溃疡病的人不宜多食。

• 孜然

孜然是维吾尔语，指的是安息茴香，原产于中亚、伊朗一带，我国新疆引进栽培。孜然口感风味极为独特，富有油性，气味芳香而浓烈，磨成粉末或研碎后，用于烹调牛、羊肉等，是烧、烤食品必用的上等作料，也是配制咖喱粉的主要原料之一。优质孜然大都呈黄绿色，香辣味浓郁，无霉变，无杂质。

• **营养分析**

种子含有挥发油和脂肪酸。脂肪酸的主要成分为岩芹酸、烯油酸和亚油酸等。

• **烹调用途**

孜然种子粉末有除腥膻、增香味的作用。主要用作解羊肉膻味及制作"咖喱粉"和"辣椒粉"成分。其茎、叶欧洲人用于作泡菜。用孜然加工牛羊肉，可以祛腥解腻，并能令肉质更加鲜美芳香，增加食欲；孜然具醒脑通脉，降火平肝等功效，能祛寒除湿，理气开胃，驱风止痛，对消化不良，胃寒疼痛、肾虚便频均有疗效；用孜然调味菜肴还能防腐杀菌。

• **碱**

食碱亦即是食用碱，是指有别于工业用碱的纯碱（碳酸钠）和小苏打（碳酸氢钠），小苏打是由纯碱的溶液或结晶吸收二氧化碳之后的制成品，二者本质上没有区别。食用碱呈固体状态，圆形，色洁白，易溶于水。食碱并不是一种常用调味品，它只是一种食品疏松剂和肉类嫩化剂，能使干货原料迅速涨发，软化纤维，去除发面团的酸味，适当使用可为食品带来极佳的色、香、味、形，以增进人们的食欲。食碱大量应用于食品加工上，如面条、面包、馒头等。

• **营养分析**

1. 在发面的过程中会有微生物生成酸，面团发起后会变酸，必须加碱中和，才能制作出美味的面食。

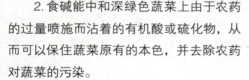
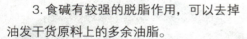

2. 食碱能中和深绿色蔬菜上由于农药的过量喷施而沾着的有机酸或硫化物，从而可以保住蔬菜原有的本色，并去除农药对蔬菜的污染。

3. 食碱有较强的脱脂作用，可以去掉油发干货原料上的多余油脂。

4. 食碱能释放玉米中不易释放的烟酸，使长期食用玉米的人不至于因玉米中的烟酸缺乏而患癞皮病。

5. 食碱的缺点是对食物中的维生素 B_1、B_2 和维生素 C 有较强的破坏作用，同时会影响人体对某些矿物质的吸收和利用，因此不可滥用。

切忌把食品放在碱液里浸泡，以免原料腐烂，只要用适当浓度的碱水将原料反复搅洗几次即可；食碱属于无机物，本身没有什么营养成分，但在食品烹调中的作用却不可低估，食碱的水溶液是电解质，可使食品原料（如鱿鱼）中的蛋白质分子吸水能力增强，加快原料的涨发速度，但要注意掌握好用碱数量、方法和时间，以防食物原料发得过透、过烂甚至变质。

• 食疗作用

　食碱性热，味苦涩；具有去湿热，化食滞，解毒止酸的作用。

• 做法指导

　食碱能去除油脂中的哈喇味，方法是等到带有哈喇味的油脂加热至烫手时，放入一定量的纯碱水，用筷子慢慢搅匀即可；食碱能去掉发面团的酸味，并可使馒头膨松洁白，但不能加入过多，否则馒头会变成黄色或开裂，味道也会变得苦涩。

"酱"色餐桌 >

• 芝麻酱

　　芝麻酱是采用优质白芝麻或黑芝麻等加工而成，成品为泥状，有浓郁的炒芝麻香味。它既是调味品，又有其独特的营养价值。可佐餐，可拌凉菜，亦可作为火锅的调味酱汁使用，全国各地均有生产。芝麻酱有黄色和黑色两种，以色正、味纯、无浮油、无杂质者为佳品。

• 营养分析

　　1. 芝麻酱富含蛋白质、氨基酸及多种维生素和矿物质，有很高的保健价值。

　　2. 芝麻酱中含钙量比蔬菜和豆类都高得多，仅次于虾皮，经常食用对骨骼、牙齿的发育都大有益处。

　　3. 麻酱含铁比猪肝、鸡蛋黄都高出数倍，经常食用不仅对调整偏食厌食有积极的作用，还能纠正和预防缺铁性贫血。

　　4. 芝麻酱含有丰富的卵磷脂，可防止头发过早变白或脱落。

　　5. 芝麻含有大量油脂，有很好的润肠通便作用。

　　6. 常吃芝麻酱能增加皮肤弹性，令肌肤柔嫩健康。

花生酱

花生酱以优质花生米等为原料加工制成，成品为硬韧的泥状，有浓郁炒花生香味。根据口味不同，花生酱分为甜、咸两种，是颇具营养价值的佐餐食品，在西餐中的应用比较广泛。

优质花生酱一般为浅米黄色，品质细腻，香气浓郁，无杂质。

• **营养分析**

1. 花生酱含有丰富的蛋白质、矿物质微量元素和大量的 B 族维生素、维生素 E 等，具有降血压、降血脂的功效，对再生性贫血，糖尿病都能起到一定的辅助治疗作用。

2. 花生酱中含有色氨酸，可以有助于入睡。

• **食疗作用**

花生性味甘平；有扶正补虚、悦脾和胃、润肺化痰、滋养调气、利水消肿、止血生乳、清咽止疟的功效；对营养不良、贫血萎黄、脾胃失调、咳嗽痰喘、肠燥便秘、乳汁缺乏、出血等症的治疗有一定的辅助作用。

• **沙茶酱**

沙茶酱是盛行福建、广东等地的一种混合型调味品。一般是先将虾米、洋葱进行油炸，花生仁进行焙炒，然后再与蒜肉、白糖、锦荍、酱油、沙姜粉，生油和少量防腐粉等，经煮后，再磨细而得成品。色泽淡褐，呈糊酱状，具有大蒜、洋葱、花生米等特殊的复合香味、虾米和生抽的复合鲜咸味，以及轻微的甜、辣味。沙茶酱的品种有福建沙茶酱、潮州沙茶酱和进口沙茶酱三大类。

福建沙茶酱是用大剂量的油炸花生米末及适量去骨的油炸比目鱼干末和虾米末与蒜泥、香菜末、辣椒粉、芥末粉、五香粉、沙姜粉、芫荽粉、香木草粉用植物油煸炒

起香，佐以白糖、精盐用文火慢炒半小时，至锅内不泛泡时离火待其自然冷却后装入坛内，可久藏1年至2年而不变质。福建沙茶酱香味自然浓郁，用以烹制爆炒溜蒸等海鲜菜品，口味鲜醇，因其特有的海鲜自然香味而深受港澳台食客的欢迎。潮州沙茶酱是将油炸的花生米末，用熬熟的花生油与花生酱、芝麻酱调稀后，调以煸香的蒜泥、洋葱末、虾酱、豆瓣酱、辣椒粉、五香粉、芸香粉、草果粉、姜黄粉、香葱末、芫荽籽末、芥末粉、虾米末、香叶末、丁香末、香茅末等香料，佐以白糖、生抽、椰汁、精盐、味精、辣椒油，用文火炒透取出，冷却后盛入洁净的坛子内，随用随取。潮州沙茶酱的香味较福建沙茶酱更为浓郁，可做炒、焗、焖、蒸等烹调方法制作的很多菜品。

进口沙茶酱又称沙嗲酱，是盛行于印度尼西亚、马来西亚和新加坡等东南亚地区的一种沙茶酱。它色泽为橘黄色，质地细腻，如膏脂，相当辛辣香咸，富有开胃消食之功效，调味特色突出，故传入潮汕广大地区后，经历代厨师琢磨改良，只取其富含辛辣的特点，改用国内香料和主料制作，并音译印尼文"SATE"，称之为沙茶（潮语读"茶"为"嗲"音）酱。

• 营养分析

沙茶酱含有较高的蛋白质、糖以及脂肪，要减肥的朋友注意食用量。沙嗲酱同沙茶酱有明显的差别，因此在比较正宗的港式粤菜烹调中"沙嗲牛柳"与"沙茶牛柳"这两款滑炒牛肉菜，应分别使用沙嗲酱和沙茶酱兑汁，同时它们各自配伍所用的其他调料也迥然不同。烹制沙嗲牛柳时，必须先用洋葱末、红椒末和菠萝末煸炒起香，再放沙嗲酱，而且必须放适量三花淡奶及少许蚝油，以增其奶香味。而烹制沙

沙嗲酱

121

味。两者成品色泽和观感也有区别：前者淡橘红色，卤汁较细腻；后者淡褐色，卤汁中颗粒物较多，两者的风味也各有千秋。沙嗲酱的品种也很多，比较著名的有印度尼西亚沙嗲酱和马来西亚沙嗲酱。

• **做法指导**

沙茶酱可以直接蘸食佐餐，还可以调制别有风味的复合味，用以烹制沙茶牛柳、沙茶鸭脯等佳肴；它还可以配制港式新潮"沙咖汁"美味，以烹制沙咖牛腩煲、沙咖煸明虾等港派名菜，适宜于烧、焖、煨、涮、灼等烹调方法。

茶牛肉时，只要用蒜泥煸香即可，不必配入淡奶，因沙茶酱的本味更适合国人的口

• **甜面酱**

甜面酱是以面粉为主要原料，经制曲和保温发酵制成的一种酱状调味品。其味甜中带咸，同时有酱香和酯香，适用于烹饪酱爆和酱烧菜，如"酱爆肉丁"等，还可蘸食大葱、黄瓜、烤鸭等菜品。

甜面酱经历了特殊的发酵加工过程，它的甜味来自发酵过程中产生的麦芽糖、葡萄糖等物质，鲜味来自蛋白质分解产生的氨基酸，食盐的加入则产生了咸味。优质甜面酱应呈黄褐色或红褐色，有光泽，散发酱香，黏稠度适中，无杂质。

• **营养分析**

甜面酱含有多种风味物质和营养物，不仅滋味鲜美，而且可以丰富菜肴营养，增加菜肴可食性，具有开胃助食的功效；食用甜面酱可以补充人体所需的氨基酸。

• 番茄酱

　　蕃茄酱是由新鲜的成熟番茄去皮籽磨制而成。可分两种，一种颜色鲜红，为常见；另一种由番茄酱进一步加工而成的番茄沙司，为甜酸味，颜色暗红。前者可作炒菜的调味品，后者可以蘸食。番茄酱大都呈深红色或红色，酱体均匀细腻、黏稠适度，味酸甜、无杂质、无异味。

• 营养分析

　　1.番茄酱中除了番茄红素外还有维生素 B 群、膳食纤维、矿物质、蛋白质及天然果胶等，和新鲜番茄相比较，番茄酱里的营养成分更容易被人体吸收。

　　2.番茄的番茄红素有利尿及抑制细菌生长的功效，是优良的抗氧化剂，能清除人体内的自由基，抗癌效果是 β-胡萝卜素的 2 倍。

　　3.医学研究发现，番茄红素对于一些类型的癌有预防效果，对乳癌、肺癌、子宫内膜癌具有抑制作用，亦可对抗肺癌和结肠癌。

　　4.番茄酱味道酸甜可口，可增进食欲，番茄红素在含有脂肪的状态下更易被人体吸收。

厨房的秘密

西餐调料 〉

• 咖喱

咖喱是音译，源于泰米尔文，意思就是调料。它是以姜黄为主料，另加多种香辛料配制而成的复合调味料，其味辛辣带甜，具有特别的香气，主要用于烹调牛羊肉、鸡、鸭、螃蟹、土豆、菜花和汤羹等，是中西餐常用的调味料。在东南亚许多国家中，咖喱是必备的重要调料。

• 营养分析

1. 咖喱的主要成分是姜黄粉、川花椒、八角、胡椒、桂皮、丁香和芫荽籽等含有辣味的香料，能促进唾液和胃液的分泌，增加胃肠蠕动，增进食欲。

2. 咖喱能促进血液循环，达到发汗的目的。

3. 美国癌症研究协会指出，咖喱所含的姜黄素具有激活肝细胞并抑制癌细胞的功能。

4. 咖喱还具有协助伤口复合，预防老年痴呆症的作用。

咖喱粉主要以姜黄、辣椒、八角、肉桂、花椒、白胡椒、小茴香、丁香、砂仁、芫荽籽、甘草、芥子、干姜、孜然芹、肉豆蔻、葫芦巴等十余种香辛料，按口味及嗜好，选取适当分量配制而成，并在烹制时加入新鲜的麻绞叶。其混合比例一般为有香味的香辛料占40%，有辣味的占20%，调色的占30%，其他（烹制时加入新鲜麻绞叶和椰汁等）占10%。

各地使用的咖喱粉，其配方不尽相同，可分为辛辣咖喱粉和淡味咖喱粉，前者配制时加重辣椒、花椒和干姜等的分量，后者则相对减少这些物料而加多甘草和芫荽子的分量。市售的咖喱粉，其配方比例各自视为商业秘密，故不将成分列出，或对其中主要的一两个成分秘而不宣。

• 做法指导

咖喱应密封保存，以免香气挥发散失；在烹调中提辣提香，去腥味，可用于烧菜、焖鱼虾、牛肉、鸡肉等。

• 吉士粉

别名：科士达（粉）、卡士达（粉）、起士粉（并非起司粉）

吉士粉，这是一种混合型的佐助料，呈淡黄色粉末状，具有浓郁的奶香味和果香味，系由疏松剂、稳定剂、食用香精、食用色素、奶粉、淀粉和填充剂组合而成，主要用于增香、增色、增松脆并使制品定性，增强黏滑性。吉士粉原在西餐中主要用于制作糕点和布丁，后来通过香港厨师引进，才用于中式烹调。

• 吉士粉具有4大优点

1. 香：能使制品产生浓郁的奶香味和果香味。

2. 增色：在糊浆中加入吉士粉能产生鲜黄色。

3. 增松脆并能使制品定形：在膨松类的糊浆中加入吉士粉，经炸制后制品松脆而不软瘪，形态美观。

4. 强黏滑性：在一些菜肴勾芡时加入吉士粉，能产生黏滑性，具有良好的勾芡效果且芡汁透明度好。

• 做法指导

1. 在制作需要保持原料本味的酥炸菜肴时，若加入大量的吉士粉，虽然可以增加菜肴的色泽和松脆感，但奶香味和果香味会掩盖原料的本味，使菜肴失去特色，实际上，烹制这类菜肴若是用另外的膨松剂，再添入增色剂，即可避免。

2. 在鱼肉、虾肉、蟹肉上浆时加入吉士粉，成菜后肯定失去鱼肉、虾肉、蟹肉的原味，甚至使味道变得不伦不类。

3. 吉士粉用于菜肴原料的码味，主要是西柠汁、果汁和港式糖醋汁类菜肴，其用量以每500克原料加5克左右的吉士粉为宜，制作蒜香排骨，则可适量加大吉士粉的用量，放15克左右为宜。

4. 吉士粉用于菜肴勾芡时，用量比例是每500克原料加入2~5克吉士粉，且要与水淀粉和匀同时用。

5. 吉士粉用于脆浆糊的调制时，可在糊中加入15%的吉士粉。

CHU FANG DE MI MI

开门七件事——柴米油盐酱醋茶

　　开门七件事：是古代中国平民百姓每天为生活而奔波的七件事，已成为中国的谚语。从"开门"（即开始家庭一天正常运作之时或持家，维持生计），就都离不开七件维持日常生活的必需品，分别是：柴、米、油、盐、酱、醋、茶。开门七件事提示家庭各样必需品。

　　开门七件事之说，一般认为始于宋朝。对当时的人来，开门七件事乃是新事物。米（即稻）在宋朝是主要粮食。酱在宋朝才明确地指酱油。在宋朝以前的醋，仍不是生活必需品。茶在唐朝以至北宋，乃是奢侈品，而且不常见。至于油，指由芝麻、紫苏属和大麻榨成的油，因南宋时期手工业和商业的发展而普及。

很多文人雅士的歌吟都以开门七件事为题，并流存在民间。开门七件事的排列和内容都大有讲究，全都与中国历史悠久的饮食文化有关。时至今日，开门七件事的意义已与古时有别，主要泛指与人民有切身利益的必备事情。开门七件事的谚语始于何时，仍有待考证。

在南宋时代吴自牧著《梦粱录》中提到八件事，所指的分别是：柴、米、油、盐、酒、酱、醋、茶。由于酒不算生活必需品，到元代时已被剔除了，只余下"七件事"。开门七件事至迟出在宋代人的口语中。所以一般认为，吴自牧创立了开门七件事。

据元代著作《湖海新闻夷坚续志》记载，曾有宋人用俗语云："湖女艳，莫娇他，平日为人吃，乌龟犹自可，虔婆似那咤！早晨起来七般事，油盐酱豉姜椒茶，冬要绫罗夏要纱。君不见，湖州张八仔，卖了良田千万顷，而今却去钓虾蟆，两片骨臀不奈遮！"另在元杂剧《玉壶春》《度柳翠》《百花亭》等都有提及开门七件事。其中提及此"七件事"的有《刘行首》："教你当家不当家，及至当家乱如麻；早起开门七件事，柴米油盐酱醋茶。"由此将当家者为生活辛苦劳碌的"七件事"表现出来。

及至明代，唐伯虎借一首诗《除夕口占》点明了此"七件事"："柴米油盐酱醋茶，般般都在别人家；岁暮清淡无一事，竹堂寺里看梅花。"

现代随社会进步和人民生活水平不断提升，开门七件事都随之而进步。在现代中国大多地区，柴已被石油气、天然气和煤气等取代。米、油、盐、酱、醋仍是中国饮食文化的主要组成部分；至于茶则成为独当一面的茶文化而闻名于世。从另一方面看，开门七件事在生活上所花的时间已大不如前了。从前开门七件事占去了相当的时间，但现在取得和处理它们的途径越来越简便了。

127

图书在版编目（CIP）数据

厨房的秘密／魏星编著 . — 长春：北方妇女儿童
出版社，2015. 12（2021.3重印）

（科学奥妙无穷）

ISBN 978 – 7 – 5385 – 9626 – 7

Ⅰ . ①厨…　Ⅱ . ①魏…　Ⅲ . ①烹饪 – 青少年读物
Ⅳ . ①TS972. 11 – 49

中国版本图书馆 CIP 数据核字（2015）第 272891 号

厨房的秘密
CHUFANG DE MIMI

出 版 人	刘　刚	
责任编辑	王天明　鲁　娜	
开　　本	700mm×1000mm　1/16	
印　　张	8	
字　　数	160 千字	
版　　次	2016 年 4 月第 1 版	
印　　次	2021 年 3 月第 3 次印刷	
印　　刷	汇昌印刷（天津）有限公司	
出　　版	北方妇女儿童出版社	
发　　行	北方妇女儿童出版社	
地　　址	长春市人民大街 5788 号	
电　　话	总编办：0431 – 81629600	

定　　价：29. 80 元